数学
人类智慧的源泉

让你眼界大开的

周阳◎编著

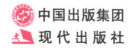

图书在版编目（CIP）数据

让你眼界大开的数学 / 周阳编著. —北京：现代出版社，2012.12

（数学：人类智慧的源泉）

ISBN 978–7–5143–0925–6

Ⅰ.①让… Ⅱ.①周… Ⅲ.①数学–青年读物②数学–少年读物 Ⅳ.①O1–49

中国版本图书馆 CIP 数据核字（2012）第 275102 号

让你眼界大开的数学

编　　著	周　阳
责任编辑	刘春荣
出版发行	现代出版社
地　　址	北京市安定门外安华里 504 号
邮政编码	100011
电　　话	010–64267325　010–64245264（兼传真）
网　　址	www.xdcbs.com
电子信箱	xiandai@cnpitc.com.cn
印　　刷	固安县云鼎印刷有限公司
开　　本	710mm×1000mm　1/16
印　　张	12
版　　次	2013 年 1 月第 1 版　2021 年 3 月第 3 次印刷
书　　号	ISBN 978–7–5143–0925–6
定　　价	36.00 元

版权所有，翻印必究；未经许可，不得转载

前 言

数学，是研究数量、结构、变化以及空间模型等概念的一门学科。透过抽象化和逻辑推理的使用，由计数、计算、量度和对物体形状及运动的观察中产生。数学是最集中、最深刻、最典型地反映了人类理性和逻辑思维所能达到的高度的科学，11世纪大数学家、物理学家和天文学家高斯说："数学是科学之王。"因此，学好数学对学好其他学问有着至关重要的意义。

数学是一门古老而深奥的学问，具有悠久的历史，是人们在生产劳动中，逐渐积累起来的关于现实世界中数量关系与空间形式的经验，经过不断系统化而形成的知识体系。其基本概念的精炼早在古埃及、美索不达米亚及古印度内的古代数学文本内便可观见。从那时开始，其发展便持续不断地有小幅度的进展，直至16世纪的文艺复兴时期，因其和新科学发现相互作用而生成的数学革新，导致了知识的加速，直至今日。

数学来源于生活又高度抽象和概括，面对枯燥的公式和定理，学习数学的人经常会无所适从，无从下手。本书就是从这一点入手，将数学中这门严谨、深奥的学科拆分开来讲解。全书共分七讲，涉及数学的门类、发展历史、定理、符号、经典题目、著名数学家以及一些趣味知识。与教科书专讲公式和定理截然不同。这样大家就会发现，原来数学可以这样学，学习数学原来很容易。希望这本《数学知识大讲堂》能带领大家在数学王国里畅游，领略数学世界的奥妙。

目 录

数学分类

算　术 ………………………………………………………… 1
初等代数 ……………………………………………………… 6
高等代数 ……………………………………………………… 9
微积分 ………………………………………………………… 12
平面几何 ……………………………………………………… 15
立体几何 ……………………………………………………… 20
解析几何 ……………………………………………………… 23
非欧几何 ……………………………………………………… 26
微分几何 ……………………………………………………… 29
运筹学 ………………………………………………………… 33
拓扑学 ………………………………………………………… 35
概　率 ………………………………………………………… 37

数学史话

数学的起源 …………………………………………………… 41
从结绳记事说起 ……………………………………………… 44
古巴比伦文明的结晶——泥版数字 ………………………… 47

代数最早的意义 …… 49
我国古代数学起源 …… 52
阿拉伯数字从何而来 …… 55
圆周率的历史 …… 57
伟大的发明——十进小数 …… 60
二进制与中国八卦 …… 63
独一无二的六十进制 …… 65

数学定理

勾股定理 …… 68
海伦公式 …… 71
祖暅原理 …… 74
韦达定理 …… 76
蝴蝶定理 …… 79
费马定理 …… 81
中国剩余定理 …… 84

数学符号

数学符号的种类和意义 …… 87
"+"和"-" …… 90
">"和"<" …… 92
分数符号 …… 95
小数符号 …… 97
零 …… 99
对数符号 …… 103

数学名题

历史上的24道经典名题 …… 107

神奇的洛书…………………………………………………… 113

百鸡问题………………………………………………………… 117

丢番图和谜语方程……………………………………………… 119

莫比乌斯带……………………………………………………… 121

哥德巴赫猜想…………………………………………………… 123

四色问题………………………………………………………… 127

七桥问题………………………………………………………… 131

斐波那契数列…………………………………………………… 134

三等分角问题…………………………………………………… 137

数学人物

刘徽与"割圆术"……………………………………………… 141

祖冲之与圆周率………………………………………………… 145

华罗庚简介……………………………………………………… 147

陈景润的爱国情怀……………………………………………… 151

大数学家列昂哈德·欧拉……………………………………… 155

伟大的数学王子高斯…………………………………………… 159

数学趣谈

狐狸买葱与数学………………………………………………… 163

趣说"13"……………………………………………………… 165

蛋趣谈…………………………………………………………… 168

巴霍姆之死……………………………………………………… 170

宇宙中有多少沙粒……………………………………………… 174

生物身上的有趣数字…………………………………………… 176

蜂巢中的数学智慧……………………………………………… 178

数学也会有危机………………………………………………… 181

数学分类

数学是一门庞大的科学门类，从人类刚开始认识使用简单的数学运算到现在，数学已经形成了众多分支和类别。其中，现代数学可分为五大学科分支：经典数学、近代数学、计算机数学、随机数学、经济数学。而从这五大学科分支中又有众多数学分类，如：

算术、初等代数、高等代数、数论、欧几里得几何、非欧几里得几何、解析几何、微分几何、代数几何、射影几何学、几何拓扑学、拓扑学、分形几何、微积分学、实变函数论、概率和统计学、复变函数论、泛函分析、偏微分方程、常微分方程、数理逻辑、模糊数学、运筹学、计算数学、突变理论、数学物理学、函数类、会计类。

算 术

算术是数学最古老且最简单的一个分支，几乎被每个人使用着，从日常上简单的算数到高深的科学及工商业计算都会用到。一般而言，算术这个词指的是记录数字某些运算基本性质的数学分支。常用的运算有加法、减法、乘法、除法，有时候，更复杂的运算如指数和平方根，也包括在算术运算的范畴内。算术运算要按照特定规则来进行。

"算术"这个词，在我国古代是全部数学的统称。至于几何、代数等许多数学分支学科的名称，都是后来很晚的时候才有的。

国外最早系统地整理前人数学知识的书，要算是希腊的欧几里得的《几何原本》。《几何原本》全书共十五卷，后两卷是后人增补的。全书大部分属于几何知识，在第七、八、九卷中专门讨论了数的性质和运算，属于算术的内容。

现在拉丁文的"算术"这个词是由希腊文的"数和数数的技术"变化而来的。"算"字在中国的古意也是"数"的意思，表示计算用的竹筹。中国古代的复杂数字计算都要用算筹。所以"算术"包含当时的全部数学知识与计算技能，流传下来的最古老的《九章算术》以及失传的许商的《算术》和杜忠的《算术》，就是讨论各种实际的数学问题的求解方法。

关于算数的产生，还是要从数谈起。数是用来表达、讨论数量问题的，有不同类型的量，也就随之产生了各种不同类型的数。远在古代发展的最初阶段，由于人类日常生活与生产实践中的需要，在文化发展的最初阶段就产生了最简单的自然数的概念。

自然数的一个特点就是由不可分割的

欧几里得

个体组成。比如，树和羊两种事物，如果有两棵树，就是一棵再一棵；如果有三只羊，就是一只、一只又一只。但不能说有半棵树或者半只羊，半棵树或者半只羊充其量只能算是木材或者是羊肉，而不能算作树和羊。

不过，自然数不足以解决生活和生产中常见的分份问题，因此数的概念产生了第一次扩张。

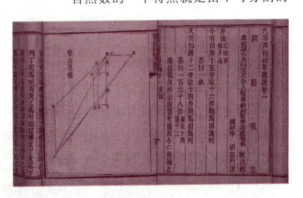

《九章算术》

分数是对另一种类型的量的分割而产生的。比如，长度就是一种可以无限地分割的量，要表示这些量，就只有用分数。

数学分类

从已有的文献可知，人类认识自然数和分数的历史是很久的。比如约公元前2000年流传下来的古埃及的《莱茵德纸草书》，就记载有关于分数的计算方法；中国殷代遗留下来的甲骨文中也有很多自然数，最大的数字是三万，并且全部是应用十进位制的计数法。

自然数和分数具有不同的性质，数和数之间也有不同的关系，为了计算这些数，就产生了加、减、乘、除的方法，这四种方法就是四则运算。

把数和数的性质、数和数之间的四则运算在应用过程中的经验累积起来，并加以整理，就形成了最古老的一门数学——算术。

在算术的发展过程中，由于实践和理论上的要求，对人类提出了许多新问题，在解决这些新问题的过程中，古算术从两个方面得到了进一步的发展。

一方面，在研究自然数四则运算中，发现只有除法比较复杂，有的能除尽，有的除不尽，有的数可以分解，有的数不能分解，有些数有大于1的公因数，有些数没有大于1的公因数。为了寻求这些数的规律，从而发展成为专门研究数的性质、脱离了古算术而独立的一个数学分支，叫做整数论，或叫做初等数论，并在以后又有新的发展。

另一方面，在古算术中讨论各种类型的应用问题，以及对这些问题的各种解法。在长期的研究中，很自然地就会启发人们寻求解决这些应用问题的一般方法。也就是说，能不能找到一般的、更为普遍适用的方法来解决同样类型的应用问题，于是发明了抽象的数学符号，从而发展成为数学的另一个古老的分支，这就是初等代数。

数学发展到现在，算术已不再是数学的一个分支，现在我们通常提到的算术，只是作为小学里的一个教学科目，目的是使学生理解和掌握有关数量关系和空间形式的最基础的知识，能够正确、迅速地进行整数、小数、分数的四则运算，初步了解现代数学中的一些最简单的思想，具有初步的逻辑思维能力和空间观念。

现代小学数学的具体内容，基本上还是古代算术的知识，也就是说，古代算术和现代算术在许多内容上是相同的。不过现代算术和古代算术也还存在着区别。

首先，算术的内容是古代的成人包括数学家所研究的对象，现在这些内容已变成了少年儿童的数学。其次，在现代小学数学里，总结了长期以来所归结出来的基本运算性质，即加法、乘法的交换律和结合律，以及乘法对加法的分配律。这五条基本运算定律，不仅是小学数学里所学习的数的运算的重要性质，也是整个数学里，特别是代数学里着重研究的主要性质。再次，在现代的小学数学里，还孕育着近代数学里的集合和函数等数学基础概念的思想。比如，和、差、积、商的变化，数和数之间的对应关系，以及比和比例等。

另外，现在小学数学里，还包含有16世纪才出现的十进制小数和它们的四则运算。应当提出的是十进制小数不是一种新的数，而是可以被看作是一种分母为10的方幂的分数的另一种写法。

我们在这里把算术列成第一个分支，主要是想强调在古代把全部的数学叫做算术，现代的代数学、数论等，最初就是由算术发展起来的。后来，算学、数学的概念出现了，它代替了算术的含义，包括了全部的数学，算术就变成了一个分支。因此，也可以说算术是最古老的分支。

甲骨文

甲骨文主要指殷墟甲骨文，又称为"殷墟文字"、"殷契"，是殷商时代刻在龟甲和兽骨上的文字。19世纪末，在殷代都城遗址（今河南安阳小屯）被发现。甲骨文继承了陶文的造字方法，是中国商代后期（前14～前11世纪）王室用于占卜记事而刻（或写）在龟甲和兽骨上的文字。甲骨文是中国已发现的古代文字中时代最早、体系较为完整的文字。

《九章算术》

《九章算术》是我国算经十书中最重要的一本。最晚成书于公元1世纪。它系统地总结了我国先秦到东汉初年的数学成就。关于《九章算术》的来源，应该追溯到《算数书》。这本书的作者不详，从它的内容来看，已经把问题按算法进行了分类。小标题有"分乘"、"增减分"、"相乘"、"合分"等六十多个，其中一些算法术语，都被《九章算术》所采用。《九章算术》又吸收了其他算书的特点，经多人之手，到公元1世纪已经定型。

这本书之所以起名《九章算术》，是因为它把全书24个问题，按照不同算法的类型分为九章，所以称为《九章算术》。

《九章算术》的主要内容如下：

第一章为"方田"。主要讲了平面几何图形面积的计算方法。它包括长方形、等腰三角形、直角梯形、等腰梯形、圆、扇形、弓形、圆环八种图形面积的计算方法。另外在这一章中还系统讲述了分数的四则运算法则以及求分子分母最大公因数等方法。

第二章为"粟米"。主要讲述了各种谷物的比率以及比例算法。最有名的比例算法有四项，已知其中的三项，求未知项，《九章算术》列出了求未知项的公式是：

$$所求数 = \frac{所有数 \times 所求率}{所有率}$$

第三章为"衰分"。主要讲述以分配问题为中心的配分比例。

第四章为"少广"。主要讲述已知包括正方形在内的矩形的面积，求一边之长，或者已知立方体的体积，求其边长的开方法则。

这一章给出的正整数、正分数开平方、开立方的法则是世界上最早的记录。

第五章是"商功"。主要讲述以立体问题为主的各种形体体积的计算公式。包括正四棱柱、圆柱、圆台、正圆锥等10种形体的体积计算公式。

第六章是"均输"。主要讲述的是以赋税计算和其他应用问题为中心的比较复杂的配分比例计算方法。另外还提出了有关等差数列的问题。

第七章是"盈不足"。主要讲述以盈亏问题为中心的一种双假设算法。

第八章是"方程"。但是这里的"方程"的含义与我们现在所讲的方程不同。它专门指由线性方程组的系数排列而成的长方阵。除此之外，本章还在世界上第一次明确了负数的概念，说明了正负数以及零之间的加减运算法则。

第九章为"勾股"。主要讲述了以测量问题为中心的直角三角形三边互求的问题。

《九章算术》的内容丰富，包括了当时社会的生产、分配、交换、行政管理等方面的问题，是我国数学史上最著名的专著之一，在世界数学专著之林里也毫不逊色。

初等代数

"代数"作为一个数学专有名词、代表一门数学分支在我国正式使用，最早是在1859年。那年，清代数学家李善兰和英国人韦列亚力共同翻译了英国人棣么甘所写的一本书，译本的名称就叫做《代数学》。当然，代数的内容和方法，我国古代早就产生了，比如《九章算术》中就有方程问题。

初等代数的中心内容是解方程，因而长期以来都把代数学理解成方程的科学，数学家们也把主要精力集中在方程的研究上。

要讨论方程，首先遇到的一个问题是如何把实际中的数量关系组成代数式，然后根据等量关系列出方程。所以初等代数的一个重要内容就是代数式。由于事物中的数量关系的不同，初等代数大体上形成了整式、分式和根式这三大类代数式。代数式是数的化身，因而在代数中，它们都可以进行四则运算，服从基本运算定律，而且还可以进行乘方和开方两种新的运算。通常把这六种

李善兰

运算叫做代数运算，以区别于只包含四种运算的算术运算。

在初等代数的产生和发展的过程中，通过解方程的研究，也促进了数的概念的进一步发展，将算术中讨论的整数和分数的概念扩充到有理数的范围，使数包括正负整数、正负分数和零。这是初等代数的又一重要内容，就是数的概念的扩充。

有了有理数，初等代数能解决的问题就大大地扩充了。但是，有些方程在

有理数范围内仍然没有解。于是，数的概念再一次扩充到了实数，进而又进一步扩充到了复数。

那么到了复数范围内是不是仍然有方程没有解，还必须把复数再进行扩展呢？数学家们说：不用了。这就是代数里的一个著名的定理——代数基本定理。这个定理简单地说就是 n 次方程有 n 个根。1742年12月15日瑞士数学家欧拉曾在一封信中明确地做了陈述，后来另一位数学家、德国的高斯在1799年给出了严格的证明。

把上面分析过的内容综合起来，组成初等代数的基本内容就是：

三种数——有理数、无理数、复数

三种式——整式、分式、根式

中心内容是方程——整式方程、分式方程、根式方程和方程组。

初等代数的内容大体上相当于现代中学设置的代数课程的内容，但又不完全相同。比如，严格地说，数的概念、排列和组合应归入算术的内容；函数是分析数学的内容；不等式的解法有点像解方程的方法，但不等式作为一种估算数值的方法，本质上是属于分析数学的范围；坐标法是研究解析几何的……这些都只是历史上形成的一种编排方法。

初等代数是算术的继续和推广，初等代数研究的对象是代数式的运算和方程的求解。代数运算的特点是只进行有限次的运算。全部初等代数总合起来有十条规则。这是学习初等代数需要理解并掌握的要点。

这十条规则是：

五条基本运算律：加法交换律、加法结合律、乘法交换律、乘法结合律、分配律；

两条等式基本性质：等式两边同时加上一个数，等式不变；等式两边同时乘以一个非零的数，等式不变；

三条指数律：同底数幂相乘，底数不变指数相加；指数的乘方等于底数不变指数想乘；积的乘方等于乘方的积。

初等代数学进一步地向两个方面发展，一方面是研究未知数更多的一次方程组；另一方面是研究未知数次数更高的高次方程。这时候，代数学已由初等代数向着高等代数的方向发展了。

知识点

整 式

整式是有理式的一部分，在有理式中可以包含加、减、乘、除四种运算，但在整式中除数不能含有字母。单项式和多项式统称为整式。

延伸阅读

无理数

无理数指无限不循环的数，或不能表示为整数之比的实数。若将它写成小数形式，小数点之后的数字有无限多个，并且不会循环。常见的无理数有大部分数的平方根、π和e（其中后两者同时为超越数）等。最先被发现的无理数是$\sqrt{2}$，它不像自然数与负数那样，在实际生活中会遇到，它是在数学计算中被发现的。

远在公元前500年左右，古希腊毕达哥拉斯学派的成员认为："万物皆整数"，宇宙的一切现象都能归结为整数及整数的比。有一个名叫希帕索斯的学生发现：正方形对角线与其一边之比不能用两个整数来表示。

这与毕达哥拉斯学派的信条有了矛盾。希帕索斯所用的归谬法成功地证明了确实不能用整数及整数之比来表示。而毕达哥拉斯学派的许多人都否定这个动摇他们观念的数的存在。这一发现，导致了数学史上的第一次"数学危机"。而希帕索斯本人因违背毕达哥拉斯学派的信念而被投入大海。

第一次数学危机表明，几何学的某些真理与算术无关，几何量不能完全由整数及比来表示。反之，数却可以由几何量表示。因此古希腊的数学观念受到了极大的冲击。从此以后，几何学开始在古希腊迅速发展。希腊人认识到，直觉和经验不一定靠得住，而可靠的只有推理论证。于是，他们开始从公理出发，经过演泽推理，建立了几何学体系。

高等代数

初等代数从最简单的一元一次方程开始,一方面进而讨论二元及三元的一次方程组,另一方面研究二次以上及可以转化为二次的方程组。沿着这两个方向继续发展,代数在讨论任意多个未知数的一次方程组,也叫线性方程组的同时还研究次数更高的一元方程组。发展到这个阶段,就叫做高等代数。

高等代数是代数学发展到高级阶段的总称,它包括许多分支。现在大学里开设的高等代数,一般包括两部分:线性代数初步、多项式代数。

高等代数发展简史

人们很早就已经知道了一元一次方程和一元二次方程的求解方法。关于三次方程,我国在公元 7 世纪,就得到了一般的近似解法,这在唐朝数学家王孝通所编的《缉古算经》中就有叙述。到了 13 世纪,宋代数学家秦九韶在他所著的《数书九章》这部书的"正负开方术"里,充分研究了数字高次方程的求正根法,也就是说,秦九韶那时候已得到了高次方程的一般解法。

在西方,直到 16 世纪初的文艺复兴时期,才由意大利的数学家发现一元三次方程的解的公式——卡当公式。

在数学史上,相传这个公式是意大利数学家塔塔里亚首先得到的,后来被米兰地区的数学家卡尔达诺(1501~1576)骗到了这个三次方程的解的公式,并发表在自己的著作里。所以现在人们还是叫这个公式为卡尔达诺公式(或称卡当公式),其实,它应该叫塔塔里亚公式。

三次方程被解出来后,一般的四次方程很快就被意大利的费拉里(1522~1560)解出。这就很自然地促使数学家们继续努力寻求五次及五次以上的高次方程的解法。遗憾的是这个问题虽然耗费了许多数学家的时间和精力,但一直持续了长达三个多世纪,都没有被解决。

到了 19 世纪初,挪威的一位青年数学家阿贝尔(1802~1829)证明了五次或五次以上的方程不可能有代数解。即这些方程的根不能用方程的系数通过加、减、乘、除、乘方、开方这些代数运算表示出来。阿贝尔的这个证明不但比较难,而且也没有回答每一个具体的方程是否可以用代数方法求解的问题。

后来，五次或五次以上的方程不可能有代数解的问题，由法国的一位青年数学家伽罗华彻底解决了。伽罗华20岁的时候，因为积极参加法国资产阶级革命运动，曾两次被捕入狱，1832年4月，他出狱不久，便在一次私人决斗中死去，年仅21岁。

伽罗华在临死前预料自己难以摆脱死亡的命运，所以曾连夜给朋友写信，仓促地把自己生平的数学研究心得扼要地写出来，并附以论文手稿。他在给朋友舍瓦利叶的信中说："我在分析方面做出了一些新发现。有些是关于方程论的；有些是关于整函数的……公开请求雅可比或高斯，不是对这些定理的正确性而是对这些定理的重要性发表意见。我希望将来有人发现消除所有这些混乱对他们是有益的。"

伽罗华死后，按照他的遗愿，舍瓦利叶把他的信发表在《百科评论》中。他的论文手稿过了14年，才由刘维尔（1809~1882）编辑出版了他的部分文章，并向数学界推荐。

高等代数的基本内容

代数学从高等代数总的问题出发，又发展成为包括许多独立分支的一个大的数学科目，比如：多项式代数、线性代数等。代数学研究的对象，也已不仅是数，还有矩阵、向量、向量空间的变换等，对于这些对象，都可以进行运算。虽然也叫做加法或乘法，但是关于数的基本运算定律，有时不再保持有效。因此代数学的内容可以概括为研究带有运算的一些集合，在数学中把这样的一些集合叫做代数系统。比如群、环、域等。

多项式是一类最常见、最简单的函数，它的应用非常广泛。多项式理论是以代数方程的根的计算和分布作为中心问题的，也叫做方程论。研究多项式理论，主要在于探讨代数方程的性质，从而寻找简易的解方程的方法。

多项式代数所研究的内容，包括整除性理论、最大公因式、重因式等。这些大体上和中学代数里的内容相同。多项式的整除性质对于解代数方程是很有用的。解代数方程无非就是求对应多项式的零点，零点不存在的时候，所对应的代数方程就没有解。

方 程

方程是表示两个数学式（如两个数、函数、量、运算）之间相等关系的一种等式，通常在两者之间有一等号"＝"。方程不用按逆向思维思考，可直接列出等式并含有未知数。它具有多种形式，如一元一次方程、二元一次方程等。方程广泛应用于数学、物理等理科应用题的运算。

延伸阅读

不定方程

有两个以上未知数的方程叫不定方程，未知数多于方程个数的方程组叫不定方程组。例 $x+5y=14$。

我国最早研究不定方程是在《九章算术》中"方程"篇中著名的"五户共井"问题，共有六个未知数，五个方程。在古希腊，数学家丢番图对不定方程的研究取得不少成果，他研究了大量的方程，其中有一次、二次方程和多次不定方程。至今人们在提到仅含有加法、乘法或乘方且系数为整数的不定方程时，仍称它为丢番图方程。

在不定方程中，比较著名的是公元5世纪的、我国《张丘建算经》中的"百鸡问题"，即："今有百元买鸡百只，小鸡一元三只，母鸡三元一只，公鸡五元一只。问小鸡、母鸡、公鸡各多少？"

这个问题流传很广，它是关于求不定方程整数解的一个问题，并且给出了解这种问题的一般性的方法。丢番图在他的著作《算术》一书中，给出了189个不定方程问题，但他解题的方法技巧性很强，未能给出通用解法。正如一个数学家所说："在读了丢番图100题的解法后，仍对第101题感到困难。"不定方程是一个很古老的问题，近代许多数学家都对此作了研究。

微积分

微积分学是微分学和积分学的总称。

微积分成为一门学科,是在17世纪,但是,微分和积分的思想在古代就已经产生了。

公元前3世纪,古希腊的阿基米德在研究解决抛物弓形的面积、球和球冠的面积、螺线围成的面积和旋转双曲体的体积的问题中,就隐含着近代积分学的思想。作为微分学基础的极限理论来说,早在古代已有比较清楚的论述。比如我国的庄周所著的《庄子》一书的"天下篇"中,记有"一尺之棰,日取其半,万世不竭"。三国时期的刘徽在他的割圆术中提到"割之弥细,所失弥小,割之又割,以至于不可割,则与圆周和体而无所失矣"。这些都是朴素的、也是很典型的极限概念。

到了17世纪,有许多科学问题需要解决,这些问题也就成了促使微积分产生的因素。归结起来,大约有四种主要类型的问题:第一类是研究运动的时候直接出现的,也就是求即时速度的问题。第二类问题是求曲线的切线的问题。第三类问题是求函数的最大值和最小值问题。第四类问题是求曲线长、曲线围成的面积、曲面围成的体积、物体的重心、一个体积相当大的物体作用于另一物体上的引力。

17世纪许多著名的数学家、天文学家、物理学家都为解决上述几类问题作了大量的研究工作,如法国的费尔玛、笛卡儿、罗伯瓦、笛沙格;英国的巴罗、瓦里士;德国的开普勒;意大利的卡瓦列利等人都提出许多很有建树的理论。为微积分的创立作出了贡献。

17世纪下半叶,在前人工作的基础上,英国大科学家牛顿和德国数学家莱布尼茨分别在自己的国度里独自研究和完成了微积分的创立工作,虽然这只是十分初步的工作。他们的最大功绩是把两个貌似毫不相关的问题联系在一起,一个是切线问题(微分学的中心问题),一个是求积问题(积分学的中心问题)。

牛顿和莱布尼茨建立微积分的出发点是直观的无穷小量,因此这门学科早期也称为无穷小分析,这正是现在数学中,分析学这一大分支名称的来源。牛顿研究微积分着重于从运动学来考虑，莱布尼茨却是侧重于几何学来考虑的。

牛顿在1671年写了《流数法和无穷级数》，这本书直到1736年才出版，他在这本书里指出，变量是由点、线、面的连续运动产生的，否定了以前自己认为的变量是无穷小元素的静止集合。他把连续变量叫做流动量，把这些流动量的导数叫做流数。牛顿在流数术中所提出的中心问题是：已知连续运动的路径，求给定时刻的速度（微分法）；已知运动的速度，求给定时间内经过的路程（积分法）。

德国的莱布尼茨是一个博才多学的学者，1684年，他发表了现在世界上认为是最早的微积分文献，这篇文章有一个很长而且很古怪的名字——《一种求极大极小和切线的新方法，它也适用于分式和无理量，以及这种新方法的奇妙类型的计算》。就是这样一篇说理也颇含糊的文章，却有划时代的意义。它已含有现代的微分符号和基本微分法则。1686年，莱布尼茨发表了第一篇积分学的文献。他是历史上最伟大的符号学者之一，他所创设的微积分符号，远远优于牛顿的符号，这对微积分的发展有着极大的影响。现在我们使用的微积分通用符号就是当时莱布尼茨精心选用的。

牛　顿

微积分学的创立，极大地推动了数学的发展，过去很多让初等数学束手无策的问题，运用微积分，往往迎刃而解，显示出微积分学的非凡意义。

微积分的基本内容

研究函数，从量的方面研究事物运动变化是微积分的基本方法。这种方法叫做数学分析。

本来从广义上说，数学分析包括微积分、函数论等许多分支学科，但是现在一般已习惯于把数学分析和微积分等同起来，数学分析成了微积分的同义词，一提数学分析就知道是指微积分。微积分的基本概念和内容包括微分学和积分学。

莱布尼茨

微分学的主要内容包括：极限理论、导数、微分等。

积分学的主要内容包括：定积分、不定积分等。

微积分是与应用联系发展起来的，最初牛顿应用微积分学及微分方程从万有引力定律导出了开普勒行星运动三定律。此后，微积分学极大地推动了数学的发展，同时也极大地推动了天文学、力学、物理学、化学、生物学、工程学、经济学等自然科学、社会科学及应用科学各个分支的发展。并在这些学科中有越来越广泛的应用，特别是计算机的出现更有助于这些应用的不断发展。

函数

函数是表示每个输入值对应唯一输出值的一种对应关系。函数 f 中对应输入值 x 的输出值的标准符号为 $f(x)$。包含某个函数所有的输入值的集合被称作这个函数的定义域，包含所有的输出值的集合被称作值域。若先定义映射的概念，可以简单定义函数为：定义在非空数集之间的映射。

极限

"一尺之棰，日取其半，万世不竭。"这是我国古时很有名的一句话。意思是说：1尺长的木棰，每天截取它的一半，永远截不完。其中包含了很强的极限思想。

长度为1尺的木棰日取其半,每天都在不停地缩短,它实际是个变量。虽然"万世不竭",但是它却越来越小,越来越接近零。极限就是描述变量的变化趋势:一个变量无限靠近一个数 a(上例中 a 就是0),它表明变量越来越稳定,从而使无穷运算可以把握,从无意义到可以判定,使某些量的计算可以准确。如循环小数化分数,无穷数列求和,圆的周长和面积等。

数列的极限是:给定数列 $\{a_n\}$ 和数 a,如果对于任意给定的 $\varepsilon>0$,存在正整数 N,当 $n>N$ 时,总有 $|a_n-a|<\varepsilon$,则称 a 是数列 $\{a_n\}$ 的极限,记作 $\lim_{n\to\infty}\{a_n\}=a$。函数可以类似地定义极限。有极限的称为收敛的(数列或函数),无极限称为发散的(数列或函数)。极限为0的称为无穷小量。

平面几何

当大多数人想到"面"一词时,常会想到我们所处的世界——我们在上面行走和居住的薄薄的土壤和岩石表面。在工程学中,这个词的意思是物体的外部(即零厚度的皮)。在科学中,"面"一词可以应用于从地质结构到微小颗粒的大量的事物。

在数学中,"面"也有着无数的意思。最常见的意思是指二维的拓扑空间或者三维的欧几里得空间。数学中的平面可以是非常复杂的,如在某些分形中;也可以是极其简单的,如在平面中。

平面几何就是研究空间中的二维图形的几何。大部分数学家进一步将平面几何定义为欧几里得平面几何。平面几何研究像圆、直线和多边形这样的物体。

平面的意思是这样的:一条连接任何两个点的直线完全位于这个面上。平面被认为是二维的。当在多维的条件下讨论平面时,平面被叫做超平面。因此,在大多数的数学研究中,平面被视为是一个向各个方向无限伸展的二维点的组合。直线、多边形、圆都是平面几何研究的对象。

多边形

多边形一词的意思是"许多角"。多边形是平面中一个由只在顶点(端点)相交的线段(笔直不弯曲的)组成的封闭图形。换句话说,除了在端点处外,任何边（直线）都彼此不相交。

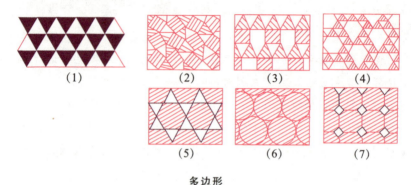

多边形

多边形可分为两部分："正多边形"和"不规则多边形"。"正多边形"是等边等长的凸多边形，因此，所有的边和角都是同余（相等）的。"不规则多边形"是那些边长不等、角的大小不同的多边形。因此，除非多边形的所有的边长都相等，所有角的大小都相同，否则，这个多边形就被认为是不规则的。

多边形还以其他的方式来进行描述。"凸多边形"是那些多边形内任何两点间所画的直线都完全在图形内部的多边形。与凸多边形相对的是"凹多边形"——有些边向内倾的，实质上是凹陷进去的多边形。如果在凹多边形内的两点之间画一条直线，那么这条直线常常是从图形外经过。另一种类型的多边形是"星多边形"，这是根据一个圆上等距的点而画的星形图形。

正多边形按照所具有的边数来对其进行分类。有 n 条边的多边形叫 n 边形。

三角形

三角形是有三条边的多边形。三角形的三条线段（即边）在三个顶点（端点）处连接在一起。对于所有的三角形来说，三角形三个内角的和等于一个平角，即 $180°$。

三角形既可以按照边长，也可以按照它们的角来分类。所有三角形都至少有两个锐角，但是用来对三角形进行分类的第三个角可能是锐角、直角或钝角。三角形按照角有如下分类：

"直角三角形"——有一个 $90°$ 的角。

"锐角三角形"——三个角都小于 $90°$，即三角形有三个锐角。

"钝角三角形"——有一个大于90°而小于180°的角，即三角形有一个钝角。

"等角三角形"——所有的角都是同余的锐角三角形，即三个角都相等。

三角形还可以按照它们的边分类：

"不等边三角形"——没有相等的边（也就没有相等的角）；换句话说，没有一组边是同余的。

三角形

"等腰三角形"——两条边相等（同余），因此底角也相等。

"等边三角形"——三条边都相等（同余）。

直角三角形的组成部分有特定的名称。"斜边"是与90°角相对的边——这条边总是三角形最长的边。两条较短的边叫"弦"。

四边形

四边形即有四条边的多边形，有几种类型。有意思的是，一些定义可以"组合"起来。例如，如果四边形既是菱形又是长方形，它实际上是一个正方形。下面是一些常见的四边形：

"正方形"——最明显的四边形是正方形。它是一个有四个直角的等角四边形。

菱 形

"长方形"——一个有四个直角，相对的边平行并且同余，相对的角同余的四边形。

"平行四边形"——平行四边形是两组相对的边都平行的四边形，因此，对边和对角同余。

"菱形"——有四条等边（即同余）的平行四边形。

"梯形"——梯形是只有一对平行边的四边形。梯形在有些书中也被定义为"至少有一对平行边的四边形"，但是，后面的这个定义经常在数学家中引起争议，因为它的意思与第一个定义不同。对于梯形来说，平行边被叫做"底边"，不平行

梯形

的边被叫做"斜边"。

"等腰梯形"——等腰梯形是不平行边的边长相等的梯形，即有一对底角相同的梯形。等腰梯形的斜边是同余的。

圆

圆是几何中最基本的形状之一，被定义为平面上与一个中心点保持某一相等距离的点的集合。事实上，圆是一个有无数条边的多边形。圆的中心与圆上点的线段距离叫做"半径"（即端点为圆的中心及圆上任意一点的线段）。从圆上的端点穿过半径（圆的中心）到达正对着的另一个端点的线段叫做"直径"，圆的直径是其半径的2倍。圆的外部周长叫做"圆周"。"圆的弦"是两个端点都在圆上的线段。"同心圆"是两个或两个以上位于同一平面，有同一个圆心却有不同半径的圆。半径相同的圆叫做"同余圆"。

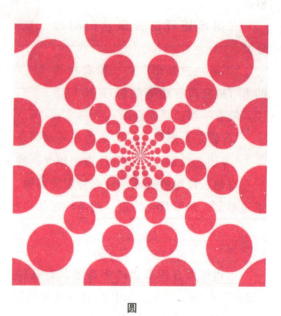

圆

知识点

二维

在一个平面上的内容就是二维。二维即左右、上下两个方向，不存在前后。在一张纸上的内容就可以看成是二维，即只有面积，没有体积。

《几何原本》

几何学到公元前4世纪，经过一大批希腊数学家的努力钻研，已经有了丰富的内容，但是内容繁杂、孤立、不系统。第一个把几何总结成一门具有严密理论学科的，是希腊杰出的数学家欧几里得。他是在公元前300年左右，应托勒密王的邀请，来亚历山大城教学的。他酷爱数学，非常详尽地搜集了当时所能知道的一切的几何事实，整理成一门有着严密系统的理论，写成了数学史上早期的巨著——《几何原本》（简称《原本》）。

《几何原本》对后世影响非常大，以至于在19世纪前，一切有关几何的论著和教科书都以它为依据。在印刷术传入欧洲之后已经出现了《原本》的1 200多个版本，其发行量仅次于《圣经》而居第二位。我国最早的译本是徐光启与意大利人利玛窦于1607年合译前6卷本，距今400多年了。《几何原本》还是我国翻译的第一本西方数学著作。

《几何原本》以逻辑为链条，把零散的几何内容从几个假设（公理）出发，串连整理起来，完成了划时代的工作，仅从15世纪到19世纪就用各种文字出版了1 000多个版本。

《几何原本》共13卷，467个命题，23个定义，5条公设，5条公理。包括平面几何、几何数论、几何代数、立体几何等。

欧几里得一生著有多部数学著作，《几何原本》是其中最有价值的一部。他系统地总结了古埃及的几何知识、古希腊的几何学成果，把原来十分分散的几何知识，以形式逻辑的方法，用这些定义和公理来研究各种几何图形的性质，从而建立了一套从公理、定义出发，论证命题成立得到定理，并运用已证明过的定理导出结果的几何学论证模式。这是欧几里得对数学的最伟大的贡献，正是欧几里得的总结和提炼，使几何学这一重要学科几乎达到了完美的程度。

立体几何

立体几何是研究三维的欧几里得空间中的物体的几何。与研究二维物体的平面几何相反,立体几何研究的是立体。这部分几何与实物有关,如多面体、球体、圆锥、柱体等。

在几何中,立体被定义为封闭的三维图形,即由平面限定的空间的任何有限部分。它们与我们认为的立体有细微的差别:根据我们周围的事物,我们把立体看成是可见实物的有面的三维图形。几何学中的立体实际上是面和空间区域的结合。从某种意义上来说,这给二维空间又增加了一维。

多面体

多面体一词来自希腊语"poly"(意思是"许多")和印欧语"hedron"(意为"底座")。在几何学中,多面体被视为代表多边区域的结合体的三维立体,通常是边相连处没有空隙。

多面体被分为凸多面体和凹多面体。凸多面体,即如果延长任何边,图形只位于平面的一侧(例如角锥和立方体);凹多面体是可以向平面两边延伸的多面体(例如一种显示多面体的一面或所有面的凹面的形状)。

下面是一些最常见的多面体:

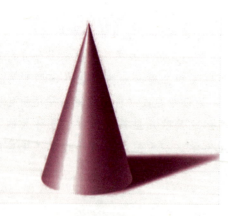

圆　锥

"圆锥"——圆锥既可以是一个面也可以是一个多面体。圆锥由平面上一条封闭的曲线围成的空间和由将封闭曲线的每个点与不在这个平面的一个点相连的线段构成的面围合而成(注:两个锥顶点相连的圆锥可以用来定义圆锥曲线)。

"角锥"——角锥是有一个多边形的面和其他面均为共有一个端点(顶点)的三角形的多面体。角锥按照这个多边体的底来命名,如三角锥、四方形角锥等。其中最著名的角锥是埃及的砂岩金字塔。这些实际上叫做正方形角锥，因为底面是一个正方形的多边形并且顶点的垂线与底的中心相交。

"柱"——柱既可以是一个面也可以是一个多面体。柱体是通过环绕着穿过相对面中点的轴旋转形成的。柱体也被叫做直立圆柱。

"棱柱"——棱柱是有两个构成底面形状的平行的同余面的多面体；另外，侧面被认为是平行四边形。如果侧面是长方形，那么这个棱柱就叫做直棱柱。

"平行六面体"——所有的面都为平行四边形的多面体，即底为平行四边形的棱柱。人们最熟悉的平行六面体就是一个所有的六个面都是长方形的简单的盒子（也叫做长方形平行六面体）。

球　体

在立体几何中，球体被看成是三维的欧几里得空间里与球的单一的中心点等距的点的集合。或者更简单点说，球体是一个完全圆形的三维物体。"球"一词也延伸进了其他维中。例如，二维中的球叫做圆。

球　体

垂 线

垂线是两条直线的两个特殊位置关系,当两条直线相交所成的四个角中,有一个角是直角时,即两条直线互相垂直,其中一条直线叫做另一直线的垂线,交点叫垂足。

延伸阅读

世界最古老的几何著作《墨经》

一提起几何著作,人们自然想到欧几里得的《几何原本》,它说理清楚,立论严谨,似乎没有一本书能与它相比了。其实,最古老而严谨的几何著作是我国的《墨经》。它的作者是战国时代的墨翟(约公元前468~前376年)。

墨翟出身平民,他以古代大禹为榜样,为下层的劳苦大众服务。他不但生活非常简朴,而且刻苦钻研生产的学问。他曾利用几何知识,给人们制造能载五十石的车辆和生产工具。他为人认真,做任何事情都不马虎,也不敷衍,表现出一个科学者实事求是的态度,人们尊称他为墨子。

《墨经》虽没有《几何原本》那么完善、丰富和组织严密,但几何部分的若干理论,其定义的确切,实在又不亚于《几何原本》。

下面举几例看看《墨经》的几何学。

《墨经》中说:"平,同高也。"

译文:所谓平行线是两条在每一处距离都相同的直线。

《墨经》:"中,同长也。"

译文:线段上的一个点到两个端点等距离,这点叫线段的中点。

《墨经》:"圆,一中,同长也。"

译文:圆(或者球)有且只有一个中心,它和圆周(球面)上每一点的距离都相等。"

《墨经》共 15 卷，71 篇，今天只保存下 53 篇。其中几何内容共 19 条，与《原本》对照，凡《原本》说到的，这里大都涉及了。所以，可以这样说，《墨经》是世界上最古老的几何学书籍了。

解析几何

16 世纪以后，由于生产和科学技术的发展，天文、力学、航海等方面都对几何学提出了新的需求。比如，德国天文学家开普勒发现行星是绕着太阳沿椭圆轨道运行的，太阳处在这个椭圆的一个焦点上；意大利科学家伽利略发现投掷物体是沿着抛物线运动的。这些发现都涉及圆锥曲线，要研究这些比较复杂的曲线，原先的一套方法显然已经不适应了，这就导致了解析几何的出现。

1637 年，法国的哲学家和数学家笛卡儿发表了他的著作《方法论》，这本书的后面有三篇附录，一篇叫《折光学》，一篇叫《流星学》，一篇叫《几何学》。当时的这个"几何学"实际上指的是数学，就像我国古代"算术"和"数学"是一个意思一样。

笛卡儿的《几何学》共分三卷，第一卷讨论尺规作图；第二卷是曲线的性质；第三卷是立体和"超立体"的作图，但实际是代数问题，探讨方程的根的性质。后世的数学家和数学史学家都把笛卡儿的《几何学》作为解析几何的起点。

笛卡儿

从笛卡儿的《几何学》中可以看出，笛卡儿的中心思想是建立起一种"普遍"的数学，把算术、代数、几何统一起来。他设想，把任何数学问题化为一个代数问题，再把任何代数问题归结到去解一个方程式。

为了实现上述的设想，笛卡儿从天文和地理的经纬制出发，指出平面上的点和实数对 (x, y) 的对应关系。x，y 的不同数值可以确定平面上许多不同的点，这样就可以用代数的方法研究曲线的性质。这就是解析几何的基本思想。

具体地说，平面解析几何的基本思想有两个要点：第一，在平面建立坐标系，一点的坐标与一组有序的实数对相对应；第二，在平面上建立了坐标系后，平面上的一条曲线就可由一个带两个变数的代数方程来表示了。从这里可以看到，运用坐标法不仅可以把几何问题通过代数的方法解决，而且还把变量、函数以及数和形等重要概念密切联系起来了。

解析几何的产生并不是偶然的。在笛卡儿写《几何学》以前，就有许多学者研究过用两条相交直线作为一种坐标系；也有人在研究天文、地理的时候，提出了一点位置可由两个"坐标"（经度和纬度）来确定。这些都对解析几何的创建产生了很大的影响。

在数学史上，一般认为和笛卡儿同时代的法国业余数学家费马也是解析几何的创建者之一，应该分享这门学科创建的荣誉。

费马是一个业余从事数学研究的学者，对数论、解析几何、概率论三个方面都有重要贡献。他性情谦和，好静成癖，对自己所写的"书"无意发表。但从他的通信中知道，他早在笛卡儿发表《几何学》以前，就已写了关于解析几何的小文，就已经有了解析几何的思想。只是直到1679年，费马死后，他的思想和著述才从给友人的通信中公开发表。

笛卡儿的《几何学》，作为一本解析几何的书来看，是不完整的，但重要的是引入了新的思想，为开辟数学新园地作出了贡献。

在解析几何中，首先是建立坐标系。如图，取定两条相互垂直的、具有一定方向和度量单位的直线，叫做平面上的一个直角坐标系 xOy。利用坐标系可以把平面内的点和一对实数 (x, y) 建立起一一对应的关系。除了直角坐标系外，还有斜坐标系、极坐标系、空间直角坐标系等等。在空间坐标系中还有球坐标和柱面坐标。

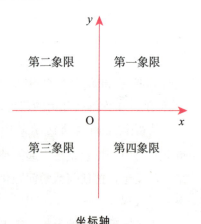

坐标轴

坐标系将几何对象和数、几何关系和函数之间建立了密切的联系，这样就可以对空间形式的研究归结成比较成熟也容易驾驭的数量关系的研究了。用这种方法研究几何学，通常就叫做解析法。这种解析法不但对于解析几何是重要的，就是对于几何学的各个分支的研究也是十分重要的。

解析几何的创立，引入了一系列新的数学概念，特别是将变量引入数学，使数学进入了一个新的发展时期，这就是变量数学的时期。解析几何在数学发展中起了推动作用。恩格斯曾经对此作过评价："数学中的转折点是笛卡儿的变数，有了变数，运动进入了数学；有了变数，辩证法进入了数学；有了变数，微分和积分也就立刻成为必要的了……"

笛卡儿

勒内·笛卡儿，法国著名的哲学家、科学家和数学家。他对现代数学的发展作出了重要的贡献，因将几何坐标体系公式化而被认为是解析几何之父。他的这一成就为微积分的创立奠定了基础。解析几何直到现在仍是重要的数学方法之一。此外，现在使用的许多数学符号都是笛卡儿最先使用的，这包括了已知数 a, b, c 以及未知数 x, y, z 等，还有指数的表示方法。

几何学

几何学作为一门学科，它舍弃了物体所有其他性质而只保留了空间形式和关系。所以它是抽象的，这种抽象决定了几何的思辨方法，必须用推理的方法从一些结论导出另一些新结论。也就是说，定理如果不是用演绎的方式来证明，便不是严格意义的几何学。

如果根据这一特点来判断，那么《几何原本》（公元前3世纪）的产生，标志着几何学的诞生。因为它详尽地总结了在它之前几何学领域中的一切成就，使得一些原本十分零散的知识得以系统化。

但是几何学的起源却远远早于公元前3世纪。它萌芽于早期的土地丈量、房屋和谷仓的建造以及开河筑堤等水利工程。"几何学"的名称是从"测地术"演变而来的。测地术最早产生于古埃及。古埃及人主要生活在尼罗河两岸，每年7月，尼罗河的河水开始泛滥，洪水过后，使得原本肥沃的土地变得更加肥沃，但是也给古埃及人带来了苦恼，因为河水冲垮了他们原先的地界，所以每年古埃及人都要做一次土地测量，重新划分地界，这样一来，在古埃及就形成了一种专门的测地技术——测地术。它的基本内容是各种土地形状的确定和图形面积的计算。所以，可以说图形面积的计算是最早积累的几何知识。

后来，到了希腊数学家欧几里得时期，"几何学"的范围已经远远地超出了"测地术"，但欧洲的许多国家仍然沿用这一术语，把它译作土地测量方法。

英文"几何"一词是"geometry"，几何两字的发音的英文"geometry"开头的三个字母"geo"的发音相近，发果把它翻译成"几何学"再恰当不过了。

非欧几何

在19世纪的数学史中，非欧几何占有特殊的地位。

非欧几何的产生与著名的第五公设问题（即平行公理）密切相关，它是数学家们为解决这个问题而进行的长期努力的结果。

公元前3世纪，古希腊数学家、几何之父欧几里得从一些被认为是不证自明的事实出发，通过逻辑演绎，建立了第一个几何学公理体系——欧几里得几何学，这个理论受到后世数学家的普遍称颂，被公认为数学严格性的典范，但人们感到欧氏几何中仍存在某种瑕疵。其中最受数学家们关注的是欧氏公理系统中的所谓"第五公设"。大家普遍认为，这条公理所说明的事实（通过直线外一点能且仅能作一条平行直线）并不像欧几里得的其他公理那样显而易见，它似乎缺少作为一条公理的自明性。因此，尽管人们并不怀疑平行公理本身，但却怀疑它作为公理的资格。

历史上关于公理的证明遵循两条思路：其一是直接证明，即试图将平行公理用欧几里得的其他公理推出，或用一个更为自明的命题代之，沿着这条途径几乎毫无所获；其二是间接证明，即用反证法来证明，这种方法对非欧几何的产生具有特别重要的意义。

首先开创间接法证明的是17世纪意大利数学家萨开里，尽管在观念上与非欧几何相去甚远，但他始

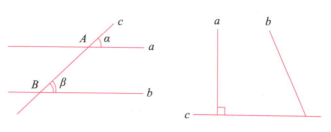

罗氏几何示意图

终相信平行公理是可以证明的，他开创了富于启发性的新方法，并由此开辟一条直接通往非欧几何的途径。

另一位对非欧几何的产生作出重大贡献的是瑞士几何学家兰贝尔特，他大胆地对平行公理的可证明性提出了怀疑。这是观念上的重大突破。

显然，沿着兰贝尔特的思路，贯彻萨开里的方法就会引向非欧几何学。非欧几何学的创立直接归功于三位伟大的数学家，他们是高斯、波耶和罗巴切夫斯基。从时间上说，高斯在先，但高斯从未公开发表过这方面的论著。在非欧几何方面论著最多，并为确立和发展非欧几何始终不渝的当推罗巴切夫斯基。

罗巴切夫斯基

罗巴切夫斯基出生在一个贫苦的公务员家庭。大约在1815年左右开始研究平行公理问题。1823~1826年间，他尝试用萨开里相同的方法证明第五公设，得到了一系列重要的结果。罗巴切夫斯基以深刻的洞察力提出了导致几何学革命的新思想。他果断地放弃了关于欧氏几何唯一性的传统观念，大胆地确信：由平行公理否定命题出发而得到的结果代表一种新的几何学，尽管这种几何学有许多结果是令人惊异的，甚至是不可思议的。例如，在这种几何里，三角形的内角和小于180°，但它本身是不矛盾的，因此可以同欧氏几何一样成立。罗巴切夫斯基的新思想不仅是对欧几里得几何学2 000年权威的冲击，而且是对常识的挑战，他所导致的思想解放对现代数学和现代科学有着极为重要的意义。真正伟大的思想往往不能马上为人们所接受，而面对这种情况，罗巴切夫斯基表现出了对科学坚定的信念

和追求真理的勇气。在别人的嘲讽下，他依然执着于自己的事业。就在他逝世前一年，在双目失明的情况下，还坚持口授了最后一部著作——《论几何学》。可以说，罗巴切夫斯基为确定和发展非欧几何贡献了自己的一生。

非欧几何的另一位创始人是匈牙利的青年数学家约翰·波耶。他的研究成果是1832年以附录的形式随父亲的著作一道出版的。

欧几里得

欧几里得，古希腊数学家，被称为"几何之父"。他活跃于托勒密一世（公元前323年至前283年）时期的亚历山大里亚，他最著名的著作《几何原本》是欧洲数学的基础，提出五大公设，发展欧几里得几何，被广泛地认为是历史上最成功的教科书。欧几里得也写了一些关于透视、圆锥曲线、球面几何学及数论的作品，是几何学的奠基人。

规 矩

几何作图时，常常离不开圆规和尺子，那么最早的圆规和尺子是由哪个国家发明的？

根据现有的资料来看，古代四大文明古国都有关于使用圆规和尺子的记载，特别是几何学发达的古埃及。他们在丈量土地、绘制图形时，都会用到上面两种工具。

但是最早使用圆规和曲尺的国家是我国。在我国远古的传说中，尧舜共同管理部落联盟的内部事务，黄河下游一带洪水泛滥，先推举鲧治水，由于鲧治水无效，又让鲧的儿子禹治水，禹治水时"左准绳，右规矩"，准绳就是用来测定水准和直线的工具，规矩就是用来画圆的圆规和画直线及直角的直角拐尺。如果说这仅仅是一种传说，那么在商代已经有了"规矩"二字的明确记载。在汉代的许多画像上有"伏羲手执规，女娲手执矩"的造型。那时圆规的形状类似我们现在的圆规，这些都是规、矩最早出现在我国的有力证明。

规和矩的使用，对我国早期数学的发展起过巨大的作用。规主要用来画圆，矩不但用来绘直角和直线，还用于测量，《周髀算经》许多地方就是利用矩形，根据相似直角三角形对应边成比例的性质，来确定水平方向和垂直方向，测量远处的高度、深度和距离的。

微分几何

微分几何学是运用数学分析的理论研究曲线或曲面在它一点邻域的性质，换句话说，微分几何是研究一般的曲线和曲面在"小范围"上的性质的数学分支学科。

微分几何的产生

微分几何学的产生和发展是和数学分析密切相连的。在这方面，第一个作出贡献的是瑞士数学家欧拉。1736年他首先引进了平面曲线的内在坐标这一概念，即以曲线弧长这一几何量作为曲线上点的坐标，从而开始了古典微分几何的研究。

18世纪初，法国数学家蒙日首先把微积分应用到曲线和曲面的研究中去，并于1807年出版了《分析在几何学上的应用》一书，这是微分几何最早的一本著作。在这些研究中，可以看到力学、物理学与工业的日益增长的要求是促进微分几何发展的因素。

1827年，高斯发表了《关于曲面的一般研究》的著作，这在微分几何的历史上有重大的意义，他的理论奠定了现代形式曲面论的基础。微分几何发展经历了150年之后，高斯抓住

高　斯

了微分几何中最重要的概念和根本性的内容，建立了微分几何。其主要思想是强调了曲面上只依赖于第一基本形式的一些性质，例如曲面上曲面的长度、两条曲线的夹角、曲面上的某一区域的面积、测地线、测地线曲率和总曲率等等。他的理论奠定了近代形式曲面论的基础。

1872年克莱因在德国埃尔朗根大学作就职演讲时，阐述了《埃尔朗根纲领》，用变换群对已有的几何学进行了分类。在《埃尔朗根纲领》发表后的半个世纪内，它成了几何学的指导原理，推动了几何学的发展，促成了射影微分几何、仿射微分几何、共形微分几何的建立。特别是射影微分几何起始于1878年阿尔方的学位论文，1906年起，经以威尔辛斯基为代表的美国学派所发展。1916年起，又经以富比尼为首的意大利学派所发展。

随后，由于黎曼几何的发展和爱因斯坦广义相对论的建立，微分几何在黎曼几何学和广义相对论中得到了广泛的应用，逐渐在数学中成为独具特色、应用广泛的独立学科。

微分几何学的基本内容

微分几何学以光滑曲线（曲面）作为研究对象，所以整个微分几何学是由曲线的弧线长、曲线上一点的切线等概念展开的。既然微分几何是研究一般曲线和一般曲面的有关性质，则平面曲线在一点的曲率和空间的曲线在一点的曲率等，就是微分几何中重要的讨论内容，而要计算曲线或曲面上每一点的曲率，就要用到微分的方法。

在曲面上有两个重要概念，就是曲面上的距离和角。比如，在曲面上由一点到另一点的路径是无数的，但这两点间最短的路径只有一条，叫做从一点到另一点的测地线。在微分几何里，要讨论怎样判定曲面上一条曲线是这个曲面的一条测地线，还要讨论测地线的性质等。另外，讨论曲面在每一点的曲率也是微分几何的重要内容。

在微分几何中，为了讨论任意曲线上每一点邻域的性质，常常用所谓的"活动标形"的方法。对任意曲线的"小范围"性质的研究，还可以用拓扑变换把这条曲线"转化"成初等曲线进行研究。

在微分几何中，由于运用数学分析的理论，就可以在无限小的范围内略去高阶无穷小，一些复杂的依赖关系可以变成线性的，不均匀的过程也可以变成均匀的，这些都是微分几何特有的研究方法。

由于近代对高维空间的微分几何和对曲线、曲面整体性质的研究，使微分几何学同黎曼几何、拓扑学、变分学、李群及李代数等有了密切的关系，这些数学分支和微分几何互相渗透，已成为现代数学的中心问题之一。

微分几何在力学和一些工程技术问题方面有广泛的应用，比如，在弹性薄壳结构方面，在机械的齿轮啮合理论应用方面，都充分应用了微分几何学的理论。

曲 率

曲线的曲率就是针对曲线上某个点的切线方向角对弧长的转动率，通过微分来定义，表明曲线偏离直线的程度。数学上表明曲线在某一点的弯曲程度的数值。曲率越大，表示曲线的弯曲程度越大。曲率的倒数就是曲率半径。

逻辑体系

公元前3世纪时，最著名的数学中心是亚历山大城；在亚历山大城，最著名的数学家是欧几里得。

在数学上，欧几里得最大的贡献是编了一本书。当然，仅凭这本书，就足以使他获得不朽的声誉。

这本书，也就是震烁古今的数学巨著《几何原本》。

为了编好这本书，欧几里得创造了一种巧妙的陈述方式。一开头，他介绍了所有的定义，让大家一翻开书，就知道书中的每个概念是什么意思。例如，什么叫做点？书中说："点是没有部分的。"什么叫做线？书中说："线有长度但没有宽度。"这样一来，大家就不会对书中的概念产生歧义了。

接下来，欧几里得提出了5个公理和5个公设：

公理1　与同一件东西相等的一些东西，它们彼此也是相等的。

公理2　等量加等量，总量仍相等。
公理3　等量减等量，总量仍相等。
公理4　彼此重合的东西彼此是相等的。
公理5　整体大于部分。
公设1　从任意的一个点到另外一个点作一条直线是可能的。
公设2　把有限的直线不断循直线延长是可能的。
公设3　以任一点为圆心和任一距离为半径作一圆是可能的。
公设4　所有的直角都相等。
公设5　如果一直线与两直线相交，且同侧所交两内角之和小于两直角，则两直线无限延长后必相交于该侧的一点。

在现在看来，公理与公设实际上是一回事，它们都是最基本的数学结论。公理的正确性是毋庸置疑的，因为它们都经过了长期实践的反复检验。而且，除了公设5以外，其他公理的正确性几乎是"一目了然"的。

这些公理是干什么用的？欧几里得把它们作为数学推理的基础。他想，既然谁也无法否认公理的正确性，那么，用它们作理论依据去证明数学定理，只要证明的过程不出差错，定理的正确性也就同样不容否认了。而且，一个定理被证明以后，又可以用它作为理论依据，去推导出新的数学定理。这样，就可以用一根逻辑的链条，把所有的定理都串联起来，让每一个环节都衔接得丝丝入扣，无懈可击。

在《几何原本》里，欧几里得用这种方式，有条不紊地证明了467个最重要的数学定理。

从此，古希腊丰富的几何学知识，形成了一个逻辑严谨的科学体系。

这是一个奇迹，两千多年后，大科学家爱因斯坦仍然怀着深深的敬意称赞说：这是"世界第一次目睹了一个逻辑体系的奇迹"。

由区区5个公理5个公设，竟能推导出那么多的数学定理，这也是一个奇迹。而且，这些公理、公设，多一个显得累赘，少一个则基础不巩固，其中自有很深的奥秘。后来，欧几里得独创的陈述方式，也就一直为历代数学家所沿用。

运筹学

在中国战国时期，曾经有过一次流传后世的赛马比赛，相信大家都知道，这就是田忌赛马。田忌赛马的故事说明在已有的条件下，经过筹划、安排，选择一个最好的方案，就会取得最好的效果。可见，筹划安排是十分重要的。

现在普遍认为，运筹学是近代应用数学的一个分支，主要是将生产、管理等事件中出现的一些带有普遍性的运筹问题加以提炼，然后利用数学方法进行解决。前者提供模型，后者提供理论和方法。

运筹学的思想在古代就已经产生了。敌我双方交战，要克敌制胜就要在了解双方情况的基础上，做出最优的对付敌人的方法，这就是"运筹帷幄之中，决胜千里之外"的说法。

但是作为一门数学学科，用纯数学的方法来解决最优方法的选择安排，却是晚多了。也可以说，运筹学是在20世纪40年代才开始兴起的一门分支。

运筹学主要研究经济活动和军事活动中能用数量来表达的有关策划、管理方面的问题。当然，随着客观实际的发展，运筹学的许多内容不但研究经济和军事活动，有些已经深入到日常生活当中去了。运筹学可以根据问题的要求，通过数学上的分析、运算，得出各种各样的结果，最后提出综合性的合理安排，以达到最好的效果。

运筹学作为一门用来解决实际问题的学科，在处理各种千差万别的问题时，一般有以下几个步骤：确定目标、制定方案、建立模型、制定解法。

虽然不大可能存在能处理涉及广泛对象的运筹学，但是在运筹学的发展过程中，还是形成了某些抽象模型，并能应用解决较广泛的实际问题。

随着科学技术和生产的发展，运筹学已渗入很多领域里，发挥了越来越重要的作用。运筹学本身也在不断发展，现在已经是一个包括好几个分支的数学学科了。比如：数学规划（又包含线性规划、非线性规划、整数规划、组合规划等）、图论、网络流、决策分析、排队论、可靠性数学理论、库存论、对策论、搜索论、模拟等等。

线性规划

　　线性规划是运筹学中研究较早、发展较快、应用广泛、方法较成熟的一个重要分支，它是辅助人们进行科学管理的一种数学方法，是研究线性约束条件下线性目标函数的极值问题的数学理论和方法。它广泛应用于军事作战、经济分析、经营管理和工程技术等方面。为合理地利用有限的人力、物力、财力等资源作出的最优决策，提供科学的依据。

延伸阅读

排队论

　　排队论是运筹学的一个分支，它也叫做随机服务系统理论。它的研究目的是要回答如何改进服务机构或组织被服务的对象，使得某种指标达到最优的问题。比如一个港口应该有多少个码头，一个工厂应该有多少维修人员等。

　　排队论最初是在20世纪初，由丹麦工程师艾尔郎关于电话交换机的效率研究开始的。在第二次世界大战中，为了对飞机场跑道的容纳量进行估算，排队论得到了进一步的发展，其相应的学科更新论、可靠性理论等也都发展起来了。

　　因为排队现象是一个随机现象，因此在研究排队现象的时候，主要是把研究随机现象的概率论作为主要工具。此外，还有微分和微分方程。排队论把它所要研究的对象形象地描述为顾客来到服务台前要求接待。如果服务台已被其他顾客占用，那么就要排队。另一方面，服务台也时而空闲、时而忙碌。就需要通过数学方法求得顾客的等待时间、排队长度等的概率分布。

　　排队论在日常生活中的应用是相当广泛的，比如水库水量的调节、生产流水线的安排、铁路货场的调度、电网的设计等等。

拓扑学

拓扑学是19世纪发展起来的一个重要的几何分支。在欧拉或更早的时代，就已有拓扑学的萌芽。著名的"哥尼斯堡七桥问题"以及"莫比乌斯带"，这些都是拓扑学的先声。

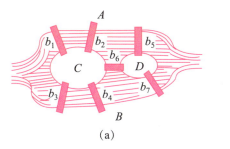
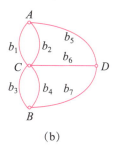

哥尼斯堡七桥问题

拓扑学最早的论著是里斯丁的《拓扑学初步》。里斯丁是高斯的学生，1834年以后是哥廷根大学教授。他本想称这个学科为"位置几何学"，但这个名称已被斯陶特用来指射影几何，于是改用"Topo Logy"这个名字。"Topo Logy"直译的意思是地志学，也就是与研究地形、地貌相类似的有关学科。1956年，《数学名词》把它确定成拓扑学。

拓扑学虽然是几何学的一个分支，但是这种几何学又和通常的"平面几何"、"立体几何"不同。通常的平面几何或立体几何研究的对象是点、线、面之间的相关位置以及它们的度量性质。拓扑学研究的内容与研究对象的长短、大小、面积、体积及度量性质和数量关系无关。

莫比乌斯带

举例来说，在通常的平面几何里，把平面上的一个图形搬到另一个图形上，如果完全重合，那么这两个图形叫做全等图形，也就是说，通常的平面几何是研究在运动中大小和形状都不变的学科。但是，在拓扑学里所研究的图形,在运动中无论它的大小或者形状都发生变化。在拓扑学里没有不能弯曲的元素,每个图形的大小、形状都可以改变。

在里斯丁之后,黎曼把拓扑学的概念引入复变函数论中,发展成黎曼曲面论。

早期的拓扑学明显地分为两支:一支是点集拓扑,以康托的贡献为起点。另一支是组合拓扑,由19世纪末庞加莱所创。庞加莱是19世纪末20世纪初的代表人物,是高斯和柯西之后无可争辩的大师。庞加莱具有超凡的心算和数学思维能力。庞加莱对20世纪数学的影响十分深远。1895年,他出版了《位置分析》,第一次系统地论述了拓扑学的内容。后来被发展成20世纪极富成果的拓朴学分支。

拓扑学中有许多非常奇妙的结论。取一张小纸条,将纸条的一端扭转180°,再与纸条的另一端黏合起来,就做成了一个小"莫比乌斯带"。别看这个小纸条制作起来挺简单,却奇特得叫人不可思议。例如,放一只蚂蚁到纸带上,让它沿着图中的虚线一直往前爬,那么,这只蚂蚁就可以一直爬遍纸带的两个面。即使沿虚线将莫比乌斯带剪开,它也不会断开,仅仅只是长度增加了一倍而已。

在欧拉之后,人们又陆续发现了一些拓扑学定理。但这些知识都很零碎,直到19世纪的最后几年里,法国数学家庞加莱开始系统地研究拓扑学,才奠定了这门数学分支的基础。

现在,拓扑学已成为20世纪最丰富多彩的一门数学分支。

黎曼是德国数学家,对数学分析和微分几何作出了重要贡献,其中一些为广义相对论的发展铺平了道路。他的名字出现在黎曼ζ函数,黎曼积分,黎曼引理,黎曼流形,黎曼映照定理,黎曼—希尔伯特问题,黎曼思路回环矩阵和黎曼曲面中。他初次登台作了题为"论作为几何基础的假设"的演讲,开创了黎曼几何,并为爱因斯坦的广义相对论提供了数学基础。他在1857年升为哥廷根大学的编外教授,并在1859年狄利克雷去世后成为正教授。

魔术数

有一些数字,只要把它接写在任一个自然数的末尾,那么,原数就如同着了魔似的,它连同接写的数所组成的新数,就必定能够被这个接写的数整除。因而,把接写上去的数称为"魔术数"。

我们已经知道,一位数中的1,2,5,是魔术数。1是魔术数是一目了然的,因为任何数除以1仍得任何数。

用2试试:

12,22,32,…,112,172,…,7 132,9 012,…这些数,都能被2整除,因为它们都被2"粘"上了!

用5试试:

15,25,35,…,115,135,…,3 015,7 175,…同样,任何一个数,只要末尾"粘"上了5,它就一定能被5整除。

有趣的是:一位的魔术数1,2,5,恰是10的因数中所有的一位数。

两位的魔术数有10、20、25、50,恰是100(10^2)的因数中所有的两位数。

三位的魔术数,恰是1 000(10^3)的因数中所有的三位数,即:100、125、200、250、500。

四位的魔术数,恰是10 000(10^4)的因数中所有的四位数,即1 000、1 250、2 000、2 500、5 000。

那么n位魔术数应是哪些呢?由上面条件可推知,应是10^n的因数中所有的n位因数。四位、五位直至n位魔术数,它们都只有五个。

概 率

在自然界和现实生活中,一些事物都是相互联系和不断发展的。在它们彼此间的联系和发展中,根据它们是否有必然的因果联系,可以分成截然不同的两大类：一类是确定性的现象。这类现象是在一定条件下，必定会导致某种确定的结果。举例来说，在标准大气压下，水加热到100摄氏度，就必然会沸腾。事物间的这种联系是属于必然性的。通常自然科学的各学科就是专门研究和认识这种必然性的，寻求这类必然现象的因果关系，把握它们之间的数量规律。

另一类是不确定性的现象。这类现象是在一定条件下，它的结果是不确定的。举例来说，同一个工人在同一台机床上加工同一种零件若干个，它们的尺寸总会有一点儿差异。又如，在同样条件下，进行小麦品种的人工催芽试验，各株种子的发芽情况也不尽相同，有强弱和早晚的分别等等。为什么在相同的情况下，会出现这种不确定的结果呢？这是因为我们说的"相同条件"是针对一些主要条件来说的，除了这些主要条件外，还会有许多次要条件和偶然因素又是人们无法事先能够一一掌握的。正因为这样，我们在这一类现象中，就无法用必然性的因果关系，对个别现象的结果事先做出确定的答案。事物间的这种关系是属于偶然性的，这种现象叫做偶然现象，或者叫做随机现象。

在自然界及生产、生活中，随机现象十分普遍，也就是说随机现象是大量存在的。比如：每期体育彩票的中奖号码、同一条生产线上生产的灯泡的寿命等，都是随机现象。因此，随机现象就是在同样条件下，多次进行同一试验或调查同一现象，所得的结果不完全一样，而且无法准确地预测下一次所得结果的现象。随机现象这种结果的不确定性，是由于一些次要的、偶然的因素影响所造成的。

随机现象从表面上看，似乎是杂乱无章的、没有什么规律的现象。但实践证明，如果同类的随机现象大量重复出现，它的总体就呈现出一定的规律性。大量同类随机现象所呈现的这种规律性，随着我们观察的次数的增多而愈加明显。比如掷硬币，每一次投掷很难判断是哪一面朝上，但是如果多次重复地掷这枚硬币，就会越来越清楚地发现两面朝上的次数大体相同。

我们把这种由大量同类随机现象所呈现出来的集体规律性，叫做统计规律性。概率论和数理统计就是研究大量同类随机现象的统计规律性的数学学科。

概率论作为一门数学分支，它所研究的内容一般包括随机事件的概率、统计独立性和更深层次上的规律性。

概率是随机事件发生的可能性的数量指标。在独立随机事件中，如果某一事件在全部事件中出现的频率，在更大的范围内比较明显地稳定在某一固定常数附近，就可以认为这个事件发生的概率为这个常数。对于任何事件的概率值一定介于 0 和 1 之间。

有一类随机事件，它具有两个特点：第一，只有有限个可能的结果；第二，各个结果发生的可能性相同。具有这两个特点的随机现象叫做"古典概型"。

在客观世界中，存在大量的随机现象，随机现象产生的结果构成了随机事件。如果用变量来描述随机现象的各个结果，就叫做随机变量。

随机变量有限和无限的区分，一般又根据变量的取值情况分成离散型随机变量和非离散型随机变量。一切可能的取值能够按一定次序一一列举，这样的随机变量叫做离散型随机变量；如果可能的取值充满了一个区间，无法按次序一一列举，这种随机变量就叫做非离散型随机变量。

在离散型随机变量的概率分布中，比较简单而应用广泛的是二项式分布。如果随机变量是连续的，都有一个分布曲线，实践和理论都证明：有一种特殊而常用的分布，它的分布曲线是有规律的，这就是正态分布。正态分布曲线取决于这个随机变量的一些表征数，其中最重要的是平均值和差异度。平均值也叫数学期望，差异度也就是标准方差。

知识点

变 量

变量亦称变数，是指没有固定的值，可以改变的数。变量以非数字的符号来表示，一般用拉丁字母。变量与常数相反。变量的用处在于能一般化描述指令的方式。如果只能使用真实的值，指令只能应用于某些情况下。

 延伸阅读

古典概率和几何概率

古典概率，讨论的对象局限于随机试验所有可能结果为有限个等可能的情形，即基本空间由有限个元素或基本事件组成，其个数记为 n，每个基本事件发生的可能性是相同的。若事件 A 包含 m 个基本事件，则定义事件 A 发生的

概率为 $p(A)=m/n$，也就是事件 A 发生的概率等于事件 A 所包含的基本事件个数除以基本空间的基本事件的总个数，这是拉普拉斯的古典概率定义，或称之为概率的古典定义。历史上古典概率是由研究诸如掷骰子一类赌博游戏中的问题引起的。计算古典概率，可以用穷举法列出所有基本事件，再数清一个事件所含的基本事件个数，然后相除，借助组合计算可以简化计算过程。

几何概率，若随机试验中的基本事件有无穷多个，且每个基本事件发生是等可能的，这时就不能使用古典概率，于是产生了几何概率。几何概率的基本思想是把事件与几何区域对应，利用几何区域的度量来计算事件发生的概率，布丰投针问题是应用几何概率的一个典型例子。

在概率论发展的早期，人们就注意到古典概率仅考虑试验结果只有有限个的情况是不够的，还必须考虑试验结果是无限个的情况。为此可把无限个试验结果用欧式空间的某一区域 S 表示，其试验结果具有所谓"均匀分布"的性质，关于"均匀分布"的精确定义类似于古典概率中"等可能"的概念。假设区域 S 以及其中任何可能出现的小区域 A 都是可以度量的，其度量的大小分别用 $\mu(S)$ 和 $\mu(A)$ 表示。如一维空间的长度，二维空间的面积，三维空间的体积等。并且假定这种度量具有如长度一样的各种性质，如度量的非负性、可加性等。

数学史话

　　数学，起源于人类早期的生产活动，为中国古代六艺之一，亦被古希腊学者视为哲学的起点。从历史时代的一开始，数学的主要原理是为了做税务和贸易等相关的计算，为了了解数字间的关系，为了测量土地，以及为了预测天文事件而形成的。这些需要可以简单地被概括为数学对数量、结构、空间及时间方面的研究。

　　数学的演进可以被看成是抽象化的持续发展，或是题材的延展。第一个被抽象化的概念大概是数字，其对两个苹果及两个橘子之间有某样相同事物的认知是人类思想的一大突破。除了认知到如何去数实际物质的数量，史前的人类亦了解如何去数抽象物质的数量，如时间——日、季节和年。算术（加减乘除）也自然而然地产生了。古代的石碑亦证实了当时已有几何的知识。

　　16世纪，算术、初等代数以及三角学等初等数学已大体完备。17世纪，变量概念的产生，使人们开始研究变化中的量与量的相互关系和图形间的相互变换。在研究经典力学的过程中，微积分的方法被发明了。随着自然科学和技术的进一步发展，为研究数学而产生的集合论和数理逻辑等也开始慢慢发展了。

数学的起源

　　数学是研究客观世界数量关系及其空间形式的科学。

　　数学起源于人类文明的初期。大约在10 000年前，亚非欧的一些地区进入新石器时代，社会生产力的发展使人类对于气候、季节和历法产生认识。在交换产品的基础上，逐步产生了计数。

最初的计数是用手指、脚趾、小石子、小竹片等，来表示1、2、3、4个物体。我国古代计算用的是由木、竹或骨制成的小棍，后来被称为算筹；在古希腊，"计算"这个词的本义是"石子"或"沙子"。

到了奴隶社会时期，由于兴建水利工程等的需要，在商业发达的交通要地，形成了数学的一个组成部分——几何学。"几何"希腊文原意是测量土地的意思。古代数学实际上是算术与几何的综合体，我国的《九章算术》及古希腊的《几何原本》就是这个时期的代表作，这时，数学也称之为古典数学。

算　筹

随着社会科技、生产力的进步，古典数学发展成为一个庞大的体系。大致分为三个时期：

一、初等数学时期。从原始时代到17世纪中叶，数学研究的主要对象是常数、变量和不变的图形。这个时期的成果可以用"初等数学"来概括，它构成中小学数学课的主要内容。

二、变量数学时期。从17世纪中叶到19世纪20年代，数学研究的主要内容是数量的变化及几何变换。这一时期的主要成果是解析几何、微积分、高等代数等学科，它们构成了大学数学（非数学专业）的主要内容。

三、现代数学时期。由19世纪20年代至今，数学主要研究的是最一般的数量关系和空间形式，数和量仅仅是它的极特殊的情形，常见的一维、二维、三维空间几何形态也仅仅是特殊情形。

时至今日，数学正呈现出多姿多彩的态势，研究数学的对象和内容发生了惊人的变化；电子计算机进入数学领域，产生了巨大的影响，数学几乎渗透到所有的科学领域，起着越来越重要的作用。

算　筹

　　算筹实际上是一根根同样长短和粗细的小棍子，一般长为13～14cm，径粗0.2～0.3cm，多用竹子制成，也有用木头、兽骨、象牙、金属等材料制成的，大约二百七十几枚为一束，放在一个布袋里，系在腰部随身携带。需要记数和计算的时候，就把它们取出来，放在桌上、炕上或地上都能摆弄。别看这些都是一根根不起眼的小棍子，在中国数学史上它们却是立了大功的。

延伸阅读

玛雅人的数学成就

　　玛雅人有一个独特的数学体系，在这个体系中最先进的便是"0"这个符号的使用。

　　玛雅数字中的"0"不仅在世界各古代文明中的数字写法中别具一格，而且从时间上看，它的发明与使用比亚非古文明中最先使用"0"这个符号的印度数字还要早一些，比欧洲人大约早了800年。由于用了"0"这个符号，玛雅的20进位制的数字写法就很合乎科学要求了。

　　玛雅人用两种方法书写数字，一种是用20个头像来表示0～19；另一种是用横条加圆点的办法，一个圆点代表1，一个横条代表5，贝壳形象符号表示0等。这些数字可以横写，也可以竖写。

　　把0放在1之前，是玛雅数学的独创，它不仅使进位写法更为方便，更为科学，而且对于长纪年历的五级计算也非常有利。因此，玛雅的数字写法也是分级进位的，通常写的是20进位制的4个级，即以1为起点的第一级，以20为单元的第二级，以400为单元的第三级和以8 000为单元的第四级。第一级的写法和现在用的10进位制无大区别，但第二级以上各级就大不相同了。第二级一个"·"即1个20，数目是20，"··"就变成2×20，数目就是40，19个"·"就是19×20＝380。同样地，在第三级中1是400，2就是16 000，如此类推。这种按级计算的数字，写时必须将各级都分清楚，然后合起来算出总数。级数通常是由下往上写，该级无数就写成0。这种进位制的计算方式也适宜于其他的进位制，甚至各级中若用别的进位也不妨碍运算。

可见，玛雅数字的体系既有其特色，也有其适用性与科学性。在世界各古代文明中，除了起源于印度的阿拉伯数字之外，玛雅数字要算是最先进的了。

玛雅人在数学方面的造诣，使他们能在许多科学和技术活动中解决各种难题。但非常可惜，有关玛雅数学的图书或文献一本也没有留传下来。这些数学与科学文献，是失落了的玛雅文明中最为幽深的一角。

从结绳记事说起

为了表示数目，人类的祖先在摸索中逐渐学会了用实物来表示，如小木棍、竹片、树枝、贝壳、骨头等。但是很快就发现这些东西容易散乱，不易保存，这样，人们自然就想到用结绳的办法来计数。

结绳（相当于今天的符号）记事在我国最早的一部古书《周易·系辞下》（约公元前11世纪成书）有"上古结绳而治，后世圣人，易之以书契"的记载（意思是说：上古时，人们用绳打结计数或记事，后来读书人才用符号计数去代替它）。这就是说，古代人最早用绳打结的方法计数，后来又发明了刻痕代替结绳。"书契"是在木、竹片或在骨上刻画某种符号。"契"字左边的"丰"是木棒上所划的痕迹，右边的"刀"是刻痕迹的工具。《史通》称"伏羲始画八卦，造书契，以代结绳之政"。"事大，大结其绳，事小，小结其绳，结之多少，随物众寡"。

结绳记事在世界各地从古墓中挖出的遗物得到了验证。如南美洲古代有一个印加帝国，建立于11世纪，15世纪全盛时期其领域包括现在的玻利维亚、厄瓜多尔、秘鲁，以及阿根廷、哥伦比亚和智利的部分领土。16世纪西班牙殖民者初到南美洲，看到这个国家广泛使用结绳来记事和计数。他们用较细的绳子系在较粗的绳子上，有时用不同颜色的绳子表示不同的事物。结好的绳子有一个专名叫"基普"。

南美印加人的结绳方法是在一条较粗的绳子上拴很多涂不同颜色的细绳,再在细绳上打不同的结,根据绳的颜色,结的位置和大小,代表不同事物的数目。

印加时代的基普保留至今,这些结绳制度在秘鲁高原一直盛行到19世纪。

琉球群岛的某些小岛,如首里、八重山列岛等至今还没有放弃这种结绳记事的古老方法。

结绳记事

在结绳记事所用原料上,各地有所不同,有的用麻,有的用草,还有的用羊毛。

但结绳有一定的弊端,一不方便,二不易长期保存,后世的人采用在实物(石、木、竹、骨等)上刻痕以代替结绳记事。现在已发现的最早的刻痕记事是于1937年在捷克的摩拉维亚洞穴中出土的一根约3万年前的狼桡骨,上面刻有55道刻痕,估计是记录猎物的数目,这也是世界上发现的最古老的人工刻划计数实物。

在我国山顶洞发现了一万多年前带有磨刻符号的4个骨管。1949年前后,我国云南的佤族还在使用刻竹记事。

在非洲中南部的乌干达和扎伊尔交界处的爱德华湖畔的伊尚戈渔村挖出的一根骨头,被确认为公元前8500年的遗物,骨上的刻痕表示数目。考古学家惊讶地发现,骨的右侧的纹数是11,13,17,19,正好是10~20的4个素数(其和为60,恰是两个月的日数,也许与月亮有关。同时可断定古人已有素数的概念,这是不可思议的);左侧是11,21,19,9(其和也为60)相当于10+1,20+1,20-1,10-1。这根骨刻现藏于比利时布鲁塞尔自然博物馆。但纹数之谜尚待进一步揭开。

刻痕的进一步发展,就形成了古老的计数符号——数字,随着记载数目的增大各种进位制也随之出现。

符号

符号是人们共同约定用来指称一定对象的标志物，它可以包括以任何形式通过感觉来显示意义的全部现象。在这些现象中某种可以感觉的东西就是对象及其意义的体现者。例如"="在数学中是等价的符号，"紫禁城"是中国古代皇权的象征，"布尔什维克"是共产主义者的符号。

人体的数学化

在今天的医学上，作为病人，经受着数字和比率的"轰击"，它们分析我们的健康，分析我们身体功能的状况。医生们力图确定正常数值的范围。事实上，在我们的身体里，我们的心血管系统网络、被我们的身体用来引发动作的电脉冲、细胞相互联络的方式、我们骨骼的设计、基因的实际分子构造——这一切都具有数学原理。因此，在用数量表示人体功能的努力过程中，科学和医学就求助于数字和其他数学概念。例如，已经设计出一些仪器，把身体的电脉冲转化成正弦曲线，从而使输出得以比较。从心电图、肌电图、超声波诊断结果上显示出来的是曲线的形状、振幅和相移。所有这些对于受过训练的技术人员都是资料。数字、比率和坐标图是数学适用于我们身体的一些方面。让我们考察另外一些数学概念，看看它们是怎样与身体相联系的。

如果你认为把密码和玛雅象形文字译解出来是富有刺激性和挑战性的，你可以想象自己能解开被身体用于通信的分子密码。目前科学已经发现白血球与大脑相联系。身心之间通过许多生物化学制品的总汇互相联络。译解这些细胞间的通信密码，将对医学产生惊人的影响。正像我们增加了对遗传密码的了解，和揭示健康领域的许多细节一样。DNA中双螺旋线的发现是另一个数学现象。但是螺旋线并不是存在于人体中的唯一的螺线。等角螺线存在于许多关于生物生长的领域——可能因为它的形状不随生长而改变。你可以在你的头发上、你的骨骼上、内耳的耳蜗、脐带，甚至你的指纹印迹的生长模式中找寻等角螺线。

身体的物理学和物理性质也导致其他数学概念。身体是对称的，这有助于使它获得平衡和重心。脊柱的三条曲线除了实现平衡外，在健康方面和使身体获得体力以抬起自己的体重及其他负载方面都很重要。例如伦纳多·达·芬奇和阿尔布雷希特·丢勒都试图表明身体符合各种不同的比例和量度，例如黄金分割。

听起来可能令人惊讶，混沌理论在人体中也有它的位置。例如，在心律不齐的领域，正在研究混沌理论。对于心搏以及使某些人的心搏不正常的原因的研究说明，心搏研究符合混沌概念的。此外，脑和脑波的功能以及脑失调的治疗也与混沌理论有关。

在分子层次上研究人体，我们发现了数学的迹象。在侵入人体的各种病毒基本都呈现几何形状，例如各种多面体和网格球顶结构。在艾滋病病毒（HTLV－1）中，发现了二十面体对称和一个网格球顶结构。DNA构形中的纽结点已经促使科学家们用纽结理论中的数学发现去研究由DNA链所形成的环和纽结。纽结理论中的发现和来自各种不同几何学的概念已经被证明为遗传工程研究中的无价之宝。

科学研究与数学的结合，对于发现人体奥秘和分析人体功能来说，是必要的。

古巴比伦文明的结晶——泥版数字

19世纪初，在亚洲西部伊拉克境内出土了50万块泥塑书板，这些泥塑书板上刻满了密密麻麻的符号。这一考古发现震惊了全世界，许多学者纷纷赶来，面对这古巴伦人留下的宝贵文化遗产，就像在我国河南安阳殷墟出土的大批甲骨文之初的情景——学者们全成了"文盲"。

专家们经过研究发现，这些符号是古巴比伦人所有的文字，现在被称之为"楔形文字"。它记载着古巴比伦人已获得的知识，其中包括了大量的数学知识。

从这些泥板上发现，古巴比伦人已编制出各种数学表帮助计算，其中有乘法表、倒数表、平方（立方）表、平方根（立方根）表；他们已具有解一次和

泥版数字

个别二次甚至有三四次的数学方程；在一个泥板上还列出了十几组勾股数，即二次不定方程式 $x^2+y^2=z^2$ 的整数解最大的一组为 12 709、13 500、18 541。

在后期的楔形文献中，已出现零的形式及某些几何、三角学的萌芽。它们与古希腊的数学形成鲜明的对比，那就是古巴比伦数学具有代数的特征，几何不过是代数问题的一种方法而已。

知识点

倒　数

倒数，是指数学上设一个数 x 与其相乘的积为 1 的数，记为 $1/x$ 或 x，过程为"乘法逆"，除了 0 以外的数都存在倒数，将其以 1 除，便可得到倒数。两个数乘积是 1 的数互为倒数，0 没有倒数。

延伸阅读

漏　刻

漏刻是我国古代一种计量时间的仪器。最初，人们发现陶器中的水会从裂缝中一滴一滴地漏出来，于是专门制造出一种留有小孔的漏壶，把水注入漏壶内，水便从壶孔中流出来，另外再用一个容器收集漏下来的水，在这个容器内有一根刻有标记的箭杆，相当于现代钟表上显示时刻的钟面，用一个竹片或木块托着箭杆浮在水面上，容器盖的中心开一个小孔，箭杆从盖孔中穿出，这个容器叫做"箭壶"。随着箭壶内收集的水逐渐增多，木块托着箭杆也慢慢地往

上浮，古人从盖孔处看箭杆上的标记，就能知道具体的时刻。

后来古人发现漏壶内水多时，流水较快，水少时流水就慢，显然会影响计量时间的精度，于是在漏壶上再加一只漏壶，水从下面漏壶流出去的同时，上面漏壶的水则源源不断地补充给下面的漏壶，使下面漏壶内的水均匀地流入箭壶，从而取得比较精确的时刻。

现存于北京故宫博物院的铜壶漏刻是公元1745年制造的，最上面漏壶的水从雕刻精致的龙口流出，依次流向下面的漏壶。箭壶盖上有个铜人，仿佛报着箭杆，箭杆上刻有96格，每格为15分钟，人们根据铜人手握箭杆处的标示的位置来了解时间。

代数最早的意义

1858年，苏格兰古董收藏家兰德在非洲的尼罗河边买进了一卷古埃及的纸草卷。他惊奇地发现，这个约公元前1600年遗留下来的纸草卷中有一些明显的证据表明古埃及人早在公元前1700年就已经在处理一些代数问题了。从古埃及"法老"，即国王统治的时期开始，人们一直在寻求这样一个相同的数学目标：使一个含有未知数的数学问题能够得到解决。这个纸草卷中就有一些含有未知数的数学问题，当然都是用象形文字表示的。例如有一个问题翻译成数学语言是：

"啊哈，它的全部，它的$\frac{1}{7}$，其和等于19。"

这里的"啊哈"就是当时古埃及人的未知数，如果用x表示这个未知数，问题就化为方程$x+\frac{x}{7}=19$。解这个方程，得$x=16\frac{5}{8}$。

更令人惊奇的是，虽然古埃及人没有我们今天所使用的方程之类的表示法，但也得出了$16\frac{5}{8}$这个答数。

公元825年左右，阿拉伯数学家阿尔·花剌子密写了一本书《希萨伯—阿—亚—亚伯尔哇—姆夸巴拉》，意思是"方程的科学"。作者认为他在这本小小的著作里所选的材料是数学中最容易和最有用处的，同时也是人们在处理日常事物中经常需要的。这本书的阿拉伯文版已经失传，但12世纪的拉丁文译本却流传至今。在这个译本中，把"阿—亚伯尔"译成拉丁语"algebra"，并作为一门学科。后来英语中也用"algebra"。

中国则在清朝咸丰九年（1859年）由数学家李善兰译成"代数学"。

代数对于算术来说，是一个巨大的进步。我们举一个例子：一个数乘以2，再除以3，等于40，求这个数。

算术解法（公元1200年左右，伊斯兰教的数学家们就是这样解的）：

既然这个数的 $\frac{2}{3}$ 是40，

那么它的 $\frac{1}{3}$ 就是40的一半，即20；

一个数的 $\frac{1}{3}$ 是20，

那么这个数是20的3倍，即60。

代数解法：设某数为 x，则

$\frac{2x}{3}=40$，

$2x=120$，

$\therefore x=60$。

可见代数解法比较简单明了。

代数的早期意义显然不限于方程。考古学家从幼发拉底河畔附近的一座寺庙图书馆里挖掘出来的数千块泥板中，发现有一些加法表、乘法表及一些平方表。有证据表明，美索不达米亚的祭司已经发现了平方表的用法，他们能够利用平方表算出任意两个自然数的积。例如计算 102×96：

第一步，102加上96，将和除以2，得99；

第二步，102减去96，将差除以2，得3；

第三步，查平方表，知99的平方是9 801；

第四步，查平方表，知3的平方是9；

第五步，9 801减去9，得到答数9 792

这些步骤应用代数就很容易解释清楚：设这两个自然数为 x、y，则

$$\left[\frac{1}{2}(x+y)\right]^2-\left[\frac{1}{2}(x-y)\right]^2$$

$$=\frac{1}{4}(x^2+2xy+y^2-x^2+2xy-y^2)$$

$$=xy$$

所以我们说，代数最早的意义是"用字母代表数"，方程仅仅是"用字母代表数"的一项应用。代数使人类对于数的认识大大加深了。

再举一个有趣的例子：你记得这样一首儿歌吗？

一只青蛙一张嘴，

两个眼睛四条腿，

"扑通"一声跳下水。

两只青蛙两张嘴，

四个眼睛八条腿，

"扑通"、"扑通"跳下水。

……

四只青蛙四张嘴。

八个眼睛十六条腿，

"通"、"通"、"通"、"通"跳下水

……

从代数的意义来说，这首儿歌比较啰嗦。如果我们用字母 a 表示青蛙的数目，就可以把它简化成：

a 只青蛙 a 张嘴，

$2a$ 个眼睛 $4a$ 条腿，

a 声"扑通"跳下水。

你看，这不是既准确又简洁吗？在代数中，还有许多通过"用字母代表数"来进行运算的方法。我相信读者朋友们已经体会到代数的优点和学习它的乐趣了。

知识点

幼发拉底河

幼发拉底河是中东名河，西南亚最大河流，全长约 2 800 千米，与位于其东面的底格里斯河共同界定美索不达米亚。该河源自安纳托利亚的山区，发源于土耳其亚美尼亚高原，流经叙利亚和伊拉克，最后与底格里斯河合流为阿拉伯河，注入波斯湾。大体上呈东南流向，穿过叙利亚和伊拉克南部。

应聘微软公司必读的13道数学运算题目

★链接表和数组之间的区别是什么？

★做一个链接表，你为什么要选择这样的方法？

★选择一种算法来整理出一个链接表。你为什么要选择这种方法？现在用O(n)时间来做。

★说说各种股票分类算法的优点和缺点。

★用一种算法来颠倒一个链接表的顺序。现在不用递归式的情况下做一遍。

★用一种算法在一个循环的链接表里插入一个节点，但不得穿越链接表。

★用一种算法整理一个数组。你为什么选择这种方法？

★用一种算法使通用字符串相匹配。

★颠倒一个字符串。优化速度。优化空间。

★颠倒一个句子中的词的顺序，比如将"我叫克丽丝"转换为"克丽丝叫我"，实现速度最快，移动最少。

★找到一个子字符串。优化速度。优化空间。

★比较两个字符串，用O(n)时间和恒量空间。

★假设你有一个用1 001个整数组成的数组，这些整数是任意排列的，但是你知道所有的整数都在1到1 000（包括1 000）之间。此外，除一个数字出现两次外，其他所有数字只出现一次。假设你只能对这个数组做一次处理，用一种算法找出重复的那个数字。如果你在运算中使用了辅助的存储方式，那么你能找到不用这种方式的算法吗？

我国古代数学起源

原始公社末期，私有制和货物交换产生以后，数与形的概念有了进一步的发展，仰韶文化时期出土的陶器上，已刻有表示1、2、3、4的符号。到原始公社末期，已开始用文字符号取代结绳记事了。

西安半坡出土的陶器有用1～8个圆点组成的等边三角形和分正方形为100个小正方形的图案，半坡遗址的房屋基址都是圆形和方形的。为了画圆作方，确定平直，人们还创造了规、矩、准、绳等作图与测量工具。据《史记·夏本纪》记载，夏禹治水时已使用了这些工具。

商代中期，在甲骨文中已产生一套十进制数字和计数法，其中最大的数字为30 000；与此同时，殷人用10个天干和12个地支组成甲子、乙丑、丙寅、丁卯等60个名称来记录60天的日期；在周代，又把以前用阴、阳符号构成的八卦表示8种事物发展为六十四卦，表示64种事物。

公元前1世纪的《周髀算经》提到西周初期用矩测量高、深、广、远的方法，并举出勾股形的勾三、股四、弦五以及环矩可以为圆等例子。《礼记·内则》篇提到西周贵族子弟从9岁开始便要学习数目和计数方法，他们要受礼、乐、射、驭、书、数的训练，作为"六艺"之一的数已经开始成为专门的课程。

半坡遗址出土的刻有符号的文物

春秋战国时期，筹算已得到普遍的应用，筹算计数法已使用十进位值制，这种计数法对世界数学的发展具有划时代的意义。这个时期的测量数学在生产上有了广泛应用，在数学上亦有相应的提高。

战国时期的百家争鸣也促进了数学的发展，尤其是对于正名和一些命题的争论直接与数学有关。名家认为经过抽象以后的名词概念与它们原来的实体不同，他们提出"矩不方，规不可以为圆"，把"大一"（无穷大）定义为"至大无外"，"小一"（无穷小）定义为"至小无内"。还提出了"一尺之棰，日取其半，万世不竭"等命题。

而墨家则认为名来源于物，名可以从不同方面和不同深度反映物。墨家给出一些数学定义。例如圆、方、平、直、次（相切）、端（点）等等。墨家不同意"一尺之棰"的命题，提出一个"非半"的命题来进行反驳：将一线段按一半一半地无限分割下去，就必将出现一个不能再分割的"非半"，这个"非半"就是点。

名家的命题论述了有限长度可分割成一个无穷序列，墨家的命题则指出了这种无限分割的变化和结果。名家和墨家的数学定义和数学命题的讨论，对我国古代数学理论的发展是很有意义的。

总之，我国数学在古代就已显露出其蓬勃生机。

半　坡

半坡位于陕西省西安市东郊灞桥区浐河东岸，是黄河流域一处典型的原始社会母系氏族公社村落遗址，属新石器时代仰韶文化，距今6000年左右。1952年被发现，1954～1957年发掘，面积约5万平方米，已发掘出45座房屋、200多个窖穴、6座陶窑遗址、250座墓葬，出土生产工具和生活用品约1万件，还有粟、菜籽遗存。其中房屋有圆形、方形半地穴式和地面架木构筑之分。半坡遗址是我国首次大规模揭露的一处新石器时代村落遗址，1957年建成博物馆。

延伸阅读

秦俑密码之神秘的数字学

谁也没想到，秦始皇兵俑们使用的青铜马车中，也暗藏着一个个未解的密码。

1980年，考古队在陵墓以西20米处发掘出来两套华丽的青铜车马。它们显然不是战车，而可能是秦始皇巡游全国寻找长生不死药时，所用的马车的复制品。两辆马车中，较小的那辆覆盖着一个伞状的青铜华盖，华盖有22根辐条。车上站立着一个御官俑，他携带1把剑、2个青铜盾、1支弩弓以及66支箭的箭盒。他的头饰上的番号表明他隶属于"第9营"。

马车是单辕双轮，每个车轮有 30 根辐条。在青铜华盖里的辐条数目（22）乘以车轮的辐条数目（30）等于 660，与神秘数字 666 不符。这会是个错误吗？我们来推算一下。我们期待的神秘数字（666），除以 22（在华盖上的辐条数字）等于 30.272 7，但在华盖上不可能有 0.272 7 根辐条。

为了解决这些讨论，我们可以说，对正确答案来说，22 是一个神秘整数，但这不是古代人的工作方法。每件事情都是出于某种原因做的。这意味着他们有目的地试图强调余数 0.272 7，它是 1 除以 3.66 的近似值。3.66 有着重要的天文学意义，在一个中国闰年中有 366 天。因此，22 根辐条的华盖或许隐喻发光的太阳。

第二辆马车尾部有全封闭的车厢。车厢在一个有方形框架的圆形青铜华盖下面。这辆马车可以搭载一副棺椁，大小有 3.17 米长，1.06 米高。它也是单辕双轮，每个车轮有 30 根辐条。坐着的御官俑身穿战袍，头戴帽子，腰佩长剑。这辆马车的青铜顶掉到了马车身上，这象征着太阳已经下山，而皇帝已经归天。

这辆车的华盖有 33 根辐条，33 乘以车轮内的辐条数目（30）只等于 990。我们对此提出同样的解决方法：期待的神秘数字 999，除以 33（华盖的辐条数），等于 30.272 7。与第一辆车一样，这个数字是暗含着神秘的意义，同样象征着太阳的模型，不过这是一个已经落山的太阳。

这两辆马车都涂上天蓝色的云彩图案和龙凤图案。

据说始皇帝在位期间曾五次巡游各地。他的随从有 81 套战车和战马，他自己乘坐的战车位居中间。显然，青铜马车所隐喻的意义是：它载着秦始皇进行一生中最重要的巡游——天堂之旅。死后的秦始皇穿越云彩（因此在马车上涂有云彩的图案）抵达太阳（81，即 9×9）。

阿拉伯数字从何而来

阿拉伯数字就是人们最熟悉的 1、2、3、4、5、6、7、8、9、0 这 10 个数字。实际上，在这 10 个数字的发展过程中，阿拉伯人主要是采用和改进印度的数字记号和十进位计数法，即现行的阿拉伯数字实际上起源于印度。被称之为"阿拉伯数字"也是一个历史的误会。

大约在公元前500年，古印度数学因天文、历法学的需要，受我国及近东数学的影响，逐步发展起来。在公元5世纪至12世纪之间达到古印度数学的全盛时期。公元628年的《梵明满手册》中讲解了正负数、零和方程的解法等。阿拉伯人在公元7世纪征服了从印度到西班牙的大片土地之后，印度的这种数字记号和十进位方法很快便传给了阿拉伯人，他们采用了印度的有理数运算和无理数运算，放弃了负数的运算。并给出了一些特殊的一元二次方程，甚至是三次方程的解。

公元825年，阿拉伯数学家阿尔·花剌子密写了一本名叫《代数学》的数学著作，首次提出了"代数"这一专有名词，并使代数学成为一门独立的学科。特别是他在解二次方程时，比丢番图更前进了一步，丢番图只承认二次方程有一个正根，而花剌子米承认有两个根，并且允许无理根的存在。他引入的"称项"、"对消"的方法及命名的"根"一直沿用至今。

阿拉伯人试图用几何方法解释代数问题，用圆锥曲线解三次方程；他们还获得了较精确的圆周率，精确到17位；引入三角函数，制作精密的三角函数表，使平面三角和球面三角脱离天文学，独立成为一门学科。

尽管阿拉伯数字并非阿拉伯人所独创，但阿拉伯人吸收、保留了印度数学，翻译并著述了大量数学文献，并将它传到了欧洲，架起了一座世界"数学之桥"。从此数学进入了一个崭新的发展时期。

历　法

历法是用年、月、日等时间单位计算时间的方法。主要分为阳历、阴历和阴阳历三种。阳历亦即太阳历，其历年为一个回归年，现在国际通用的公历（格里历）即为太阳历的一种，亦简称为阳历；阴历亦称月亮历，或称太阴历，其历月是一个朔望月，历年为12个朔望月，其大月30天，小月29天。历法中包含的其他时间元素（单位）还有：节气、世纪和年代。

圣经数

153 被称作"圣经数"。

这个美妙的名称出自圣经《新约全书》约翰福音第 21 章。其中写道：耶稣对他们说："把刚才打的鱼拿几条来。"西门·彼得就去把网拉到岸上。那网网满了大鱼，共 153 条；鱼虽这样多，网却没有破。

奇妙的是，153 具有一些有趣的性质。153 是 1～17 连续自然数的和，即：
$1+2+3+\cdots+17=153$

任写一个 3 的倍数，把各位数字的立方相加，得出和，再把和的各位数字立方后相加，如此反复进行，最后则必然出现"圣经数"。

例如：24 是 3 的倍数，按照上述规则，进行变换的过程是：
$24 \to 2^3+4^3 \to 72 \to 7^3+2^3 \to 351 \to 3^3+5^3+1^3 \to 153$

"圣经数"出现了！

再如：123 是 3 的倍数，变换过程是：
$123 \to 1^3+2^3+3^3 \to 36 \to 3^3+6^3 \to 243 \to 2^3+4^3+3^3 \to 99 \to 9^3+9^3 \to 1\ 458 \to$
$1^3+4^3+5^3+8^3 \to 702 \to 7^3+2^3 \to 351 \to 3^3+5^3+1^3 \to 153$

"圣经数"这一奇妙的性质是以色列人科恩发现的。英国学者奥皮亚奈对此作了证明。《美国数学月刊》对有关问题还进行了深入的探讨。

圆周率的历史

圆的周长与直径之比是一个常数，人们称之为圆周率。通常用希腊字母 π 来表示。1706 年，英国人琼斯首次创用 π 代表圆周率。他的符号并未立刻被采用，之后，欧拉予以提倡，才渐渐推广开来。现在 π 已成为圆周率的专用符号，对 π 的研究，在一定程度上反映了这个地区或时代的数学水平，它的历史是饶有趣味的。

在古代，实际上长期使用 π＝3 这个数值，巴比伦、印度、中国都是如此。

到公元前2世纪，中国的《周髀算经》里已有周三径一的记载。东汉的数学家又将π值近似为3.16。真正使圆周率计算建立在科学的基础上，首先应归功于阿基米德。他专门写了一篇论文——《圆的度量》，用几何方法证明了圆周率与圆直径之比小于22/7而大于223/71。这是第一次在科学中创用上、下界来确定近似值。第一次用正确方法计算π值的，是魏晋时期的刘徽，在公元263年，他首创了用圆的内接正多边形的面积来逼近圆面积的方法，算得π值为3.14。我国称这种方法为割圆术。直到1200年后，西方人才找到了类似的方法。后人为纪念刘徽的贡献，将3.14称为徽率。

公元460年，南朝的祖冲之利用刘徽的割圆术，把π值推算到小数点后第七位3.1415926，这个具有七位小数的圆周率在当时是世界上首次被算出的。祖冲之还找到了两个分数：22/7和355/113，用分数来代替π，极大地简化了计算，这种思想比西方也早一千多年。

祖冲之的圆周率，保持了一千多年的"世界记录"。终于在1596年，由荷兰数学家卢道夫打破了。他把π值推算到小数点后第十五位，最后推到第三十五位。为了纪念他这项成就，人们在他1610年去世后的墓碑上，刻上：3.14159265358979323846264338327950288这个数，从此也把它称为"卢道夫数"。

之后，西方数学家对于π的计算，有了飞速的进展。1948年1月，费格森与雷思奇合作，算出有808位小数的π值。电子计算机问世后，π的人工计算宣告结束。20世纪50年代，人们借助计算机算得了10万位小数的π，70年代又突破这个记录，算到了150万位。到90年代初，用新的计算方法，算到的π值已到4.8亿位。π的计算经历了几千年的历史，它的每一次重大变化，都标志着技术和算法的革新。

小数点

小数点，数学符号，写作"."，用于在十进制中隔开整数部分和小数部分。小数点尽管小，但是作用极大。我们时刻都不可忽略这个小小的符号。

数学史话

因为这个不起眼的差错，人类酿过一个又一个悲剧。正所谓"失之毫厘，谬以千里"。1967年，苏联"联盟一号"坠毁事件，造成了不可挽回的损失。直接原因是在地面检查时，忽略了一个小数点……导致了数亿元财富的损失，人类还失去了一位太空英雄——科马洛夫。

延伸阅读

计算圆周率

古今中外，许多人致力于圆周率的研究与计算。为了使圆周率的近似值越来越准确，一代代的数学家为这个神秘的常数贡献了无数的时间与心血。

19世纪前，圆周率的计算进展相当缓慢，19世纪后，计算圆周率的世界记录频频创新。整个19世纪，可以说是圆周率的手工计算量最大的世纪。进入20世纪，随着计算机的发明，圆周率的计算有了突飞猛进的发展。借助于超级计算机，人们已经得到了圆周率的2 061亿位精度。

历史上耗时最久的计算，其一是德国的Ludolph Van Ceulen，他几乎耗尽了一生的时间，计算到圆的内接正二百六十二边形，于1609年得到了圆周率的35位精度值，以至于圆周率在德国被称为Ludolph数；其二是英国的William Shanks，他耗费了15年的光阴，在1874年算出了圆周率的小数点后707位。可惜，后人发现，他从第528位开始就算错了，第528位应该是4，而他却算成了5。

把圆周率的数值算得这么精确，实际意义并不大。现代科技领域使用的圆周率值，有十几位就已经足够了。如果用Ludolph Van Ceulen算出的35位精度的圆周率值，来计算一个能把太阳系包起来的一个圆的周长，误差还不到质子直径的百万分之一。以前的人计算圆周率，是要探究圆周率是否是循环小数。自从1761年Lambert证明了圆周率是无理数，1882年Lindemann证明了圆周率是超越数后，圆周率的神秘面纱就被揭开了。现在的人计算圆周率，多数是为了验证计算机的计算能力，还有就是为了兴趣。

伟大的发明——十进小数

小数就是不带分母的十进分数,全称是"十进小数"。小数的出现标志着十进位计数法从整数扩展到分数,使整数和分数在形式上获得了统一。

虽然小数点"."最早是欧洲人创造出来的,但是十进小数却最早见于我国公元3世纪数学家刘徽著的《九章算术》中。

古代四大文明古国对进位小数都有所研究,我国不仅是世界上最早采用十进制的国家之一,而且也是最早使用十进小数的国家。古印度和阿拉伯数学中也用到十进小数。他们在表示小数时,把小数部分的各数分别用圆圈圈起来以便与整数区分。例如 42.56 表示为 42⑤⑥。这种方法后来传入阿拉伯和欧洲。

我国古代表示小数,一般借助于度量衡单位。例如:在我国的小数计数中,把 3.1415927 表示为三丈,一尺四寸一分五厘九毫二秒七忽。当小数位增多时,则需要引进一批更小的单位。秦九韶的《数书九章》中,关于一个复利问题的答案是"二万四千七百六贯二百七十九文,三分四厘八毫四丝六忽七微七沙三莽一轻二清五烟"。因为当时钱币是以文为最小单位的,所以"文"以后各位都是小数。上面的数相当于 24 706 279.348 467 070 312 5 文。秦九韶认为,整数的最后一位是"元数",它是一个"尾数"为零的数。他把小数部分称为"尾数",我国古代的数学家杨辉,在他的著作中把一个宽 24 步 $3\frac{4}{10}$ 尺(1步=5尺),长 36 步 $2\frac{8}{10}$ 尺的长方形田的求积问题,化成以步为单位来计算,就会得到:

24.68×36.56=902.3008

这与我们现在的表示法一样。

到了 14 世纪,我国的《丁巨算法》一书中,首先把整数与小数部分严格区分开来。但是小数点是用"余"字来表示的。当小数点后的第一位有效数字前有若干个零时,我们现在可以利用负整数指数幂来简记。例如电子的质量为 0.00000000000000000000000000911 克,它就可以简写成 $9.11×10^{-28}$

27个0

克。这种科学计数法也是我国最早发明的。远在公元 5 世纪，数学家夏侯阳就指出，当除数是 10 或 10 的幂时，可以不再做除法。他列出的规则即相当于用 10^{-1}、10^{-2} 表示，可惜已经失传。直到 15 世纪末法国数学家休凯再度引进，才得以确定下来。

  虽然我国是最早采用十进小数的国家，但是并没有出现真正的小数点"."。小数点的出现应归功于 16 世纪荷兰的数学家和工程师斯特芬。1585 年，他发表了《论小数》一文，首先引进了符号 $\frac{①②③}{5\ 9\ 1\ 2}$，把符号 $\frac{①②③}{5\ 9\ 1\ 2}$ 放在个位数的后面或上面来区分一个数的整数部分和小数部分；小数部分的数字从左向右依次在它们上面写上①、②、③等。例如 5.912 可以记为⓪，后来他觉得这样书写起来并不方便，又改为 $5\frac{①②③}{5\ 9\ 1\ 2}9①1②2③$。这样一来，小数的概念就清楚了，但是用起来并不顺手。到了 1592 年，瑞士人布吉仅用一个符号 0 写在个位数的下面，把整数部分和小数部分隔离开来，这与斯特芬的分法相比是一个很大的进步。到了 17 世纪初期，德国的数学家倍伊儿又把纯小数前面的 0 去掉，在剩余部分的上面写上 0 的个数。例如 0.0054 记作 $\frac{IV}{54}$。有文献记载，最早使用小数点的书是 16 世纪末的《星盘》和 17 世纪的《代数学》。不过直到 19 世纪末，欧洲数学对小数的记号仍很混乱。后来决定采用 1685 年瓦利斯的《代数》中的记法，在整数部分和小数部分之间用"."来表示。

知识点

幂

  幂指乘方运算的结果。n^m 指将 n 自乘 m 次。把 n^m 看作乘方的结果，叫做 n 的 m 次幂。数学中的"幂"，是"幂"这个字面意思的引申，"幂"原指盖东西的布巾，数学中"幂"是乘方的结果，而乘方的表示是通过在一个数字上加上角标的形式来实现的，故这就像在一个数上"盖上了一头巾"，在现实中盖头巾又有升级的意思,所以把乘方叫做幂正好契合了数学中指数级数快速增长的含义,形式上也很契合,所以叫做幂。

▶ 延伸阅读

等比数列

一个数列从第二项起,每一项与前一项之比是一个相同的常数,称此数列为等比数列,此常数为公比,有时等比数列又称几何数列。

这个古老的问题最早出现在三四千年前的古埃及的《兰德草书》上,其中画着阶梯的各级上分别注有 7、49、343、2 401、16 807 等数字,并在数旁对应画着人、狗、鼠、大麦和量器。曾经一度流传为历史之谜的这幅画原来表达的是一个等比数列。其后,欧几里得的《几何原本》的第八章中,讨论了等比数列问题,并且给出了一个求和的完备的证明。

成书于公元 67~270 年的我国算经十书的《孙子算经》中,已记载有以 9 为首项,9 为公比的等比数列。

最有趣的莫过于印度舍罕王的故事。说的是舍罕王的宰相西萨·班·达依尔发明了国际象棋。舍罕王非常喜欢,决定让西萨·班自己要求得到什么赏赐。西萨·班要求赏给他一些麦粒,只按照他的方法赏赐就行了。他的方法是在第一格里放一粒,第二格里放的麦粒增加一倍,依次进行到第 64 个格子。舍罕王怎么会意识到等比数列的和会以怎样的速度增加呢?为赏赐给西萨·班要求的麦粒,那时的数学家是计算不出的。今天我们不妨计算一下,仍然是一件有趣的事情,所求麦粒的总和,实际上是等比数列。

1、2、2^2、2^3……的前 64 项和,

这是一个二十位的大数:

18 446 744 073 709 551 615。

这些麦粒到底有多少?如果一升小麦按 150 000 粒计算,大约是 140 万亿升小麦。

二进制与中国八卦

在人类采用的计数法中，不仅有十进制，还有八进制，十二进制，十六进制等等。其中，最低的进位制是二进制。

在二进制中，只有0和1两个基本符号，0仍代表"0"，1仍代表"1"，但"2"却没有对应的符号，只得向左邻位进一，用两个基本符号来表示，即"满二就应进位"。这样，在二进制中，"2"应写作"10"，"3"应写作"11"，其他以此类推。

不同进位制的数是相互联系的，也是可以互相转化的。下面是十进制数和二进制数的关系对照表。

自然数	1	2	3	4	5	6	7	8	9	10	……
十进制	1	2	3	4	5	6	7	8	9	10	……
二进制	01	10	11	100	101	110	111	1000	1001	1010	……

看了这个表，便会明白，为什么"1+1=10"了。在二进制中，用0和1两个数码就能表示出所有的自然数。这就是二进制的优点。

正因为如此，被誉为"人类文明最辉煌的成就之一"的电子计算机，便采用了这种二进制的数。很显然，机器识别数字的能力低，10个数字要用10种表达方式实在复杂，而对付两个数字，就简单容易得多了。

那么，这作用非凡的二进制是谁最先发明的呢？西方数学史家认为，它是17世纪德国著名数学家莱布尼茨的首创。莱布尼茨是一位卓越的天才数学家，1671年，当他还只有25岁时，便发明了世界上第一台能进行加、减、乘、除运算的计算机；1684年，他又与牛顿几乎同时各自独立地完成了微积分的研究。应该承认，莱布尼茨是欧洲最早发明二进制的数学家，但就世界范围来看，二进制的发明权应归属于我国，这便是那神秘的八卦。

八卦，是我国古代的一套有象征意义的符号，古人用它来模拟天地万物的生成。其符号结构的素材只有两种，即阳爻"━━"和阴爻"━ ━"。

这两种素材互相搭配，以三个为一组，便产生出八种符号结构：☰、☱、☲、☳、☴、☵、☶、☷。这八种符号结构就叫做八卦。它们的具体名称

是乾☰、坤☷、震☳、艮☶、离☲、坎☵、兑☱、巽☴。

我们可以看出，每个卦形都是上、中、下三部分，这三部分称为"三爻"。上面的叫"上爻"，中间的叫"中爻"，下面的叫"初爻"。如果我们用阳爻"——"表示数码"1"，用阴爻"— —"表示数码"0"，并且由下而上，把初爻看作是第一位上的数字，中爻看作是第二位上的数字，上爻看作是第三位上的数字，那么，我们便会发现，八卦的8个符号，恰好与二进制吻合。

八 卦

卦名	坤	震	坎	兑	艮	离	巽	乾
符号	☷	☳	☵	☱	☶	☲	☴	☰
二进制	000	001	010	011	100	101	110	111
十进制	0	1	2	3	4	5	6	7

八进制

　　八进制是一种计数法，采用0、1、2、3、4、5、6、7八个数码，逢八进位，并且开头一定要以数字0开头。八进制的数较二进制的数书写方便，常应用在电子计算机的计算中。例如：10进制的32表示成8进制就是40。10进制的9、27在八进制中分别记为11、33。

> **延伸阅读**

亲和数又叫友好数，它指的是这样的两个自然数，其中每个数的真因子和等于另一个数。毕达哥拉斯是公元前 6 世纪古希腊的数学家。据说曾有人问他："朋友是什么？"他回答："就是第二个我，正如 220 与 284。"为什么他把朋友比喻成两个数字呢？原来 220 的真因子是 1、2、4、5、10、11、20、22、44、55 和 110，加起来得 284；而 284 的真因子的 1、2、4、71、142，加起来恰好是 220。284 和 220 就是亲和数。它们是人类最早发现的又是所有亲和数中最小的一对。

第二对亲和数（17 296，18 416）是在两千多年后的 1636 年才发现的。之后，人类不断发现新的亲和数。1747 年，欧拉已知道 30 对。1750 年又增加到 50 对。到现在科学家已经发现了 900 对以上的亲和数。令人惊讶的是，第二对最小的亲和数（1 184，1 210）直到 19 世纪后期才被一个 16 岁的意大利男孩儿发现。

人们还研究了亲和数链：这是一个连串自然数，其中每一个数的真因子之和都等于下一个数，最后一个数的真因子之和等于第一个数。如 12 496，14 288，15 472，14 536，14 264。有一个亲和数链竟然包含了 28 个数。

独一无二的六十进制

古巴比伦大约是公元前 2000 年建立的国家，叫巴比伦王国。那里的民族复杂，统治者经常更换，但那里的人民对数学的贡献却很大。

古巴比伦人对天文学很有研究，1 个星期有 7 天是古巴比伦人提出来的；1 小时有 60 分，1 分钟有 60 秒是古巴比伦人提出来的；将圆周分为 360 度，每 1 度是 60 分，每 1 分是 60 秒也是古巴比伦人最早提出来的。

也许你会问，古巴比伦人为什么这样喜欢 60？这是因为古巴比伦人使用六十进制。许多文明古国采用十进制，因为人长有 10 个手指，数完了就要考虑进位。南美的印第安人，数完了 10 个手指，又接着数 10 个脚趾，他们就使用二十进制。

古巴比伦人为什么采用六十进制呢？人的身上好像没有和 60 有关的东西。然而对于这个问题却有两种截然不同的见解。

一种见解认为，古巴比伦人最初以 360 天为一年，将圆周分为 360°，而圆内接正六边形的每边都等于圆的半径，每边所对的圆心角恰好等于 60°，六十进制由此而生。

另一种见解则认为，从出土的泥板上可知，古巴比伦人早就知道一年有 365 天，他们选择六十进制是因为 60 是许多常用数（比如 2、3、4、5、6、10……）的倍数。特别是 $60=12\times5$，其中 12 是一年的月份数，5 是一只手的手指数。

上述两种见解，毕竟是推测，事实究竟如何？也许随着对古巴比伦遗址的发掘，人们会从更多的史料中找到答案。

印第安人

印第安人是对除爱斯基摩人外的所有美洲原住民的总称。美洲土著居民中的绝大多数为印第安人，分布于南北美洲各国，传统将其划归蒙古人种美洲支系。印第安人所说的语言一般总称为印第安语，或者称为美洲原住民语言。印第安人的族群及其语言的系属情况均十分复杂，至今没有公认的分类。

等差数列

如果一个数列从第二项起，每一项与它的前一项的差等于同一个常数，这个数列就叫做等差数列，这个常数叫做等差数列的公差，公差常用字母 d 表示。等差数列的通项公式为：$a_n=a_1+(n-1)d$，$n\in \mathbf{Z}$。

关于数列，特别是等差数列，是一个非常古老的数学课题。从现存的古代文献中经常会见到它。古埃及的《兰德草书》中已记载有两个等差数列的问题；古巴比伦的《泥版文书》中也记载了关于递减分物的等差数列问题。古希腊对此也有研究，我国公元5世纪的《张丘建算经》一书中，也记载有等差数列问题。特别是《张丘建算经》一书中，给出了等差数列的通项公式及等差数列前 n 项求和公式为首项加末项除2，乘以项数。即首项 a_1，末项 a_n，项数 n，总和 S_n，这是最早记载等差数列求和公式的古代文献。是中华民族对数学发展的巨大贡献之一。

自张丘建之后，我国对等差数列的计算日趋重视。到11世纪时，我国著名的科学家沈括在他的名著《梦溪笔谈》中，给出了"高阶等差数列"的求和公式，沈括称之为"隙积术"。并把对一般等差数列的研究发展成了对高阶等差数列的研究。

数学定理

定理是经过受逻辑限制的证明为真的叙述。一般来说，在数学中，只有重要或有趣的陈述才叫定理。证明定理是数学的中心活动。

在数学这门学问中，我们把相信为真但未被证明的数学叙述定义为猜想，当它经过证明后便成为定理。它是定理的来源，但并非唯一来源。一个从其他定理引伸出来的数学叙述可以不经过成为猜想的过程，而成为定理。

如上所述，定理需要某些逻辑框架，继而形成一套公理（公理系统）。同时，一个推理的过程，容许从公理中引出新定理和其他之前发现的定理。

勾股定理

勾股定理又称毕达哥拉斯定理。毕达哥拉斯是公元前 6 世纪古希腊著名的数学家，也是毕达哥拉斯学派的创始人。毕达哥拉斯定理的内容是：一个直角三角形斜边的平方，等于其两个直角边的平方和。

其实汉莫拉比时代的古巴比伦人早就发现了这一定理，而毕达哥拉斯只不过是第一个对这一定理作了证明的人。

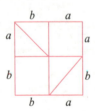

关于毕达哥拉斯对这一定理的证明法现在已不存在，一般认为他是运用剖分式证明法。设 a、b、c 分别表示直角三角形的两个直角边和斜边，并考虑到两个边长为 $a+b$ 的正方形。第一个正方形被分成 6 块，即两个以直角边为边的正方形和 4 个与给定三角形全等的三角形，如左图所示。第二个正方形被分成 5 块，即以斜边为边的正方形和四个与给定直角三角形全等的三角形，如右图所示。等量减等量其差相等。于是得出：以斜边为边的正方形的面积等于以直角三角形的两条直角边为边的正方形的面积之和。

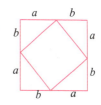

勾股定理在印度起源也非常早。《圣坛建筑》一书中有个作图题：作一个正方形是另两个正方形之和，并且给出了解法。人们认为这是印度勾股定理的证明。

在勾股定理的应用方面，印度也是非常出色的。在婆什加罗的《丽罗娃提》中就有许多关于勾股定理的应用问题。例如：在一棵100尺高的树顶上有两只猴子，其中一只从树上爬下来走向200尺外的池塘，而另一只从树上跃起，直扑池塘，如果两只猴子经过的距离相等，请你计算一下第二只猴子跃起的高度是多少？见下图。

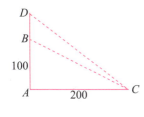

婆什伽罗是这样解的。由于两只猴子所通过的距离是相等的。所以有 $AB+AC=BD+DC$，若设第二只猴子跃起的高度 BD 为 x，则 $CD=AB+AC-BD=300-x$，由勾股定理得：

$(300-x)^2 = (100+x)^2 + 200^2$

解得：

$x=50$

其实，勾股定理的故乡应该在我国。至少成书于西汉的《周髀算经》就开始记载了我国周朝初年的周公（约公元前1100年左右）与当时的学者商高关于直角三角形性质的一段对话。大意是这样的：从前，周公问商高古代伏羲是如何确定天球的度数的？要知道天是不能用梯子攀登上去的，它也无法用尺子来测量，请问数是从哪里来的呢？商高对此做了回答。他说，数的艺术是从研究圆形和方形开始的，圆形是由方形产生的，而方形又是由折成直角的矩尺产生的。在研究矩形前需要知道九九口诀，设想把一个矩形沿对角线切开，使得短直角边（勾）的长为三，长直角边（股）的长为四，斜边（弦）长则为五。这就是我们常说的勾股弦定理。

由于毕达哥拉斯比商高晚600多年，所以有人主张毕达哥拉斯定理应该称为"商高定理"，加之《周髀算经》中记载了在周公之后的陈子曾用勾股定理和相似比例关系推算过地球与太阳的距离和太阳的直径，所以又有人主张称勾股定理为"陈子定理"，最后决定用"勾股定理"来命名，它既准确地反映了我国古代数学的光辉成就，又形象地说明了这一定理的具体内容。

伏 羲

　　伏羲、神农与黄帝被尊为中华民族的人文始祖，伏羲氏是我国古籍中记载的最早的王之一，所处时代约为新石器时代中晚期，他根据天地万物的变化，发明创造了八卦，成了中国古文字的发端，也结束了"结绳记事"的历史。他又结绳为网，用来捕鸟打猎，并教会了人们渔猎的方法，发明了瑟，创作了《驾辨》，他的事纪，标志着中华文明的起始，也留下了大量关于伏羲的神话传说。

延伸阅读

黄金数的美妙之处

　　数学家法布兰斯在13世纪写了一本书，关于一些奇异数字的组合。这些奇异数字的组合是1、1、2、3、5、8、13、21、34、55、89、144、233⋯任何一个数字都是前面两数字的总和：2＝1＋1、3＝2＋1、5＝3＋2、8＝5＋3⋯

　　有人说这些数字是他研究金字塔所得出的。金字塔和上列奇异数字息息相关。金字塔的几何形状有5个面，8条边，总数为13个层面。而高度和底部的比率是0.618，那即是上述数字的任何两个连续的比率，比如55/89≈0.618，89/144≈0.618、144/233≈0.618⋯

　　黄金数0.618是十分有趣的，0.618的倒数是1.618；比如144/89≈1.168，233/144≈1.168，而0.168×1.618≈1。

　　因此，它们有如下一些特点：

　　（1）数列中任一数字都是由前两个数字之和构成的；

　　（2）前一数字与后一数字的比例，趋近于一固定常数，即0.618；

　　（3）后一数字与前一数字的比例，趋近于1.618；

(4) 1.618与0.618互为倒数，则其乘积约等于1；

(5) 任一数字如与前两数字相比，其值趋近于2.618；如与后两数字相比，其值则趋近于0.382。

上列奇异数字组合除能反映黄金分割的两个基本比值0.618和0.382以外，尚存在下列两组神秘比值，即

(1) 0.191、0.382、0.5、0.618、0.809；

(2) 1、1.382、1.5、1.618、2、2.382、2.618。

海伦公式

在几何中，已知三边的长，求三角形的面积，我们通常使用求积公式：

$$S = \sqrt{q(q-a)(q-b)(q-c)}$$

其中 $q = \dfrac{1}{2}(a+b+c)$

一般称这个公式为海伦公式，因为它是由古希腊著名数学家海伦首先提出来的。有人认为阿基米德比海伦更早了解这一公式，但是由于没有确凿的证据而得不到数学界的承认。

海伦是亚历山大学派后期的代表人物，亚历山大后期，希腊文明遭到了严重的摧残，随着罗马帝国的扩张，希腊处于罗马的统治之下，亚里山大的图书馆等被付之一炬，这是历史上最大的文化浩劫之一。在罗马统治下，科学技术主要是为统治阶级的军事征战和王公贵族的奢侈需要服务的。他们讲求实用而轻视理论。虽然亚历山大城仍然保持着数学中心的地位，出现了诸如托勒密和丢番图等数学家，但是毕竟无法挽救希腊衰亡的命运。

与此同时，基督教在希腊兴起，基督教的兴起和传播，使得想象丰富的科学淹没在宗教的热忱中，从此，希腊数学蒙受了更大的灾难。到了公元415年，希腊女数学家希帕提亚在街上被疯狂的基督教徒割成碎块，她的学生被迫逃亡，从此，盛极一时的亚历山大学派就这样无声无息地结束了。

海伦就生活在这样的黑暗统治之中，幸运的是，他生活在亚历山大文明遭到摧残的早期，作为一名杰出的工程师和学者，他有许多发明，在数学、物理、测量等方面都有著作，是一位学识非常渊博的学者。在他的著作中，更注

重实际应用。他最大的贡献就是提出并证明了已知三边求三角形面积的公式。这个公式出现在他的《几何学》一书中。除此之外，他还研究了正多边形求积法、二次方程求解等问题。

我国宋代的数学家秦九韶也提出了"三斜求积术"。它与海伦公式基本一样。其实在《九章算术》中，已经有了求三角形面积的公式——"底乘高的一半"。在实际丈量土地面积时，由于土地面积并不是规则的三角形，要找出它并非易事，所以他们想到了三角形的三条边。如果这样做，求三角形的面积也就方便多了。但是怎样根据三边的长度来求三角形的面积呢？直到南宋时期，我国著名的数学家秦九韶提出了"三斜求积术"。

在秦九韶的《数书九章》中，他把三角形的三条边分别称为小斜、中斜和大斜。"术"即方法。"三斜求积术"就是用小斜平方加上大斜平方，减去中斜平方，取相减后余数的一半，自乘而得一个数；用小斜平方乘以大斜平方，减去上面得到的那个数。相减后余数被 4 除，以所得的数作为"实"，用 p 作为"隅"，开平方后即得面积。

所谓"实"、"隅"指的是，在方程 $px^2=q$ 中，p 为"隅"，q 为"实"。以 S、a、b、c 表示三角形的面积、大斜、中斜、小斜，所以，

$$q=\frac{1}{4}\left[c^2a^2-\left(\frac{c^2+a^2-b^2}{2}\right)^2\right]$$

当 $p=1$ 时，$S^2=q$

$S^2=\frac{1}{4}\left[c^2a^2-\left(\frac{c^2+a^2-b^2}{2}\right)^2\right]$，这就是著名的"三斜求积术"。

如果把"三斜求积术"加以改进，就可变为海伦公式。

根号内的两项可改写成 $\frac{1}{4}\times\frac{1}{4}(2ca+c^2+a^2-b^2)(2ca-c^2-a^2+b^2)$

分解因式得

$\frac{1}{16}[(c+a)^2-b^2][b^2-(c-a)^2]$

$=\frac{1}{16}(c+a+b)(c+a-b)(b+c-a)(b-c+a)$

$=\frac{1}{8}Q(c+a+b-2b)(b+c+a-2a)(b+a+c-2c)$

$=Q(Q-b)(Q-a)(Q-c)$

由此可得：$S=\sqrt{Q(Q-a)(Q-b)(Q-c)}$

其中 $Q=\frac{1}{2}(a+b+c)$

这与海伦公式完全一致。所以现在有人把这一公式称为"海伦——秦九韶公式"。

古希腊文明

希腊是欧洲文明的摇篮,到拜占庭和中世纪时期,希腊又是东方文化和欧洲文化的交汇点。古代希腊作为一个文明古国,曾经在科技、数学、医学、哲学、文学、戏剧、雕塑、绘画、建筑等方面作出了巨大的贡献,成为后代欧洲文明发展的源头。悠久的文明给后代留下了绚丽灿烂的文化遗产,它们是希腊人的,也是全人类的无价瑰宝。

首位数问题

人们对生活中的许多现象由于习以为常而不求甚解。可是,如果仔细研究,这里面可能蕴含着深奥的道理。

天文学家在进行天文计算时,经常要使用对数表。20世纪初,有一次天文学家西蒙·纽科姆在查对数表时,偶然发现了这样的现象:对数表开始的几页总要比后面几页磨损得厉害。这说明人们在查对数表时,较多地是使用了以1为首的那几页。于是,纽科姆便产生这样一个疑问:首位数是1的自然数在全体自然数中占有多大的比例?它是不是要比首位数是其他数字的自然数要多?人们后来就把这个问题称为"首位数问题"。

大家可能会认为这个问题是显而易见的。因为除0以外,共有九个数字:1、2、3、4、5、6、7、8、9,用其中任何一个数字开头的自然数,在全体自然数中的分布是均匀的,机会应该是均等的。这就是说,首位数为1的自然数应该占全体自然数的1/9。可是，事实并不这么简单。1974年，现在是美国斯坦福大学统计学家的珀西·迪亚科尼斯（当时还在哈佛大学读研究生），研究了这个问题，所得到的结论出乎人们的意料：首位数是1的自然数约占全体自然数的1/3。准确一点儿说，这个数值应该是lg2，约为0.301 03。这是怎么一回事呢？

事实上，用不同数字作首位数字，这样的自然数的分布并不是很均匀的，也不是很规则的。首位数是1的自然数的分布规律是：

1到9之间，这样的数只有1个，它就是1，所以占1/9；

1到20之间，这样的数有11个，它们是1，10，11，…，19，所以约占1/2；

1到30之间，这样的数同样有11个，约占1/3；

1到100之间，这样的数仍然只有11个，约占1/9；

1到200之间，这样的数有111个，它们是1，10，11，…，19，100，101，…，199，约占1/2。

注意到首位数是1的自然数在以上各区间的个数与这个区间内所有自然数个数的比值，总是在1/2与1/9之间来回振荡。于是，迪亚科尼斯经过研究，终于运用高等数学的方法，得出这些比值的合理平均值。

迪亚科尼斯当时并不知道这样偶然的发现有什么实际意义。后来，美国西雅图波音航天局数学家梅尔达德·沙沙哈尼在研究用计算机描绘自然景象的问题时，用上了这个结论。近年来，美国波音航天局将这一成果用于飞机模拟器，使飞行员在不离开地面的情况下接受训练，而能得到一种在空中飞行的实感。首位数问题的结论在科学技术中发挥了重大的作用。

祖暅原理

祖暅原理也就是"等积原理"。它是由我国南北朝时期杰出的数学家祖冲之的儿子祖暅首先提出来的。祖暅原理的内容是：夹在两个平行平面间的两个几何体，被平行于这两个平行平面的平面所截，如果截得两个截面的面积总相等，那么这两个几何体的体积相等。

等积原理的发现起源于《九章算术》。在《九章算术·少广》中有一道题目是：已知球的体积求直径。刘徽在给《九章算术》作注时，发现《九章算术》中的答案是错误的。他提出的验证方法是取每边为 1 寸的正方体棋子 8 枚,拼成一个边长为 2 寸的正方体,在正方体内画内切圆柱,再在横向画一个同样的内切圆柱,这样,两个圆柱所包含的共同的立体部分像两把上下对称的伞,刘徽将其取名为"牟合方盖"(古人称伞为"盖","牟"同侔,即相合)。根据计算得出球体积是牟合方盖体的体积的 3/4,可是圆柱又比牟合方盖大,而《九章算术》中得出球的体积是圆柱体积的 3/4,显然《九章算术》中的球体积计算公式是错误的。刘徽认为只要求出牟合方盖的体积,就可以导出球的体积。可是他怎么也找不出求导牟合方盖体积的途径。

200 多年后,祖暅出现了,他推导出了著名的"祖暅原理",根据这一原理就可以求出牟合方盖的体积,然后再导出球的体积。

这一原理主要应用于计算一些复杂几何体的体积。在西方,直到 17 世纪,才由意大利数学家卡发雷利发现。在 1635 年出版的《连续不可分几何》中,提出了等积原理,所以西方人把它称之为"卡发雷利原理"。其实,他的发现比我国的祖暅晚 1 100 多年。

刘 徽

刘徽(约 225～295 年),汉族,山东临淄人,魏晋期间伟大的数学家,中国古典数学理论的奠基者之一。是中国数学史上一个非常伟大的数学家,他的著作《九章算术注》和《海岛算经》,是中国最宝贵的数学遗产。刘徽思想敏捷,方法灵活,既提倡推理又主张直观。他是中国最早明确主张用逻辑推理的方式来论证数学命题的人。

难倒你的古代算术题

我国的文化源远流长,有很多令人称叹的地方。一道来自古书上的算术题，想做对可没那么容易。不仅考察你的数学能力，可能还有语文的功底哦！

下题是《九章算术》中的一道算术题，现代的你看看是否能读懂，做出来吧。

原文："今有贷人千钱，月息三十。今有贷人七百五十钱，九日归之，问息几何？"

也许有的人不能读懂，故将简译版给大家以供参考："贷款七百又五十，千钱每月息三十；借期限定为九日，多少利息要开支？"

答案解析：

这道题即是《九章算术》的"贷人千钱"。其实题目并不难，难倒大家的可能是这些古语吧。

先来把题目通俗化，可以是："某人借款750文，约定9日归还，以月利率'千文钱付息钱30文'来计算利息。问：归还时应付利息多少？"

然后再来解题：题目中的月利率"千钱每月息三十"，若用百分数来表示，假定其借款时间为一个月，那么这750文钱应该付的利息就是

$750 \times 3\% = 750 \times 0.03 = 22.5$（文）

然而，他的借期只有9天。根据借贷常规，如果要按日计算利息的话，那么每月就以30天来计算。所以这9天应付的利息便是

$22.5 \div 30 \times 9 = 6.75$（文）

韦达定理

韦达是法国16世纪最有影响的数学家之一。生于法国西部普瓦图的丰特标勒贡特，曾经在法国国王亨利四世手下任职，还当过律师，数学原本只是他的业余爱好，但就是这个业余爱好，使他取得了伟大的成就。

韦达在数学方面的主要贡献有：第一次用字母代替已知量，确定了符号代数的原理和方法，使当时的代数学系统化，并把代数学作为解析的方法使用，因此有"代数学之父"之称。

在几何学方面，他利用阿基米德的方法，通过多边形来计算圆周率π，在计算中，他使用了393 216边形，得到π的近似值为3.141592653，精确到小数点后面的第九位，是第一个超越祖冲之的人。

韦达不仅是一个数学家，而且还是一个破译密码的专家。他在法国政府任职时，曾经帮助法国政府破译了西班牙国王菲利浦二世使用的密码，对法国战胜西班牙起了重要作用，致使菲利浦二世认为是法国人使用了什么"巫术"，因而还向罗马教皇指控法国"犯罪"。

青少年朋友们在初中学了一元二次方程 $ax^2+bx+c=0$（$a\neq 0$）方程的根 α，β 和系数 a、b、c 的关系式是

$$\alpha+\beta=-\frac{b}{a},\quad \alpha\beta=\frac{c}{a}$$

这就是我们熟悉的韦达定理。

韦 达

一元二次方程

只含有一个未知数，且未知数的最高次数是2次的整式方程叫做一元二次方程。

一元二次方程有四个特点：

（1）含有一个未知数；

（2）且未知数次数最高次数是2；

（3）是整式方程，要判断一个方程是否为一元二次方程，先看它是否为整式方程，若是，再对它进行整理。如果能整理为 $ax^2+bx+c=0$（$a\neq 0$）的形式，则这个方程就为一元二次方程；

（4）将方程化为一般形式 $ax^2+bx+c=0$ 时，应满足：a、b、c 为常数，且 $a\neq 0$。

延伸阅读

用数学书写的人生格言

有一句著名的格言说：数学比科学大得多，因为它是科学的语言。数学不仅用来写科学，而且可以用来描写人生。下面介绍几位古今中外名人的人生格言，它们都是用很简单的"数学"（数字、符号、数学概念、式子等）来表达的，而且是那么深刻、绝妙。

1. 王菊珍的百分数

我国科学家王菊珍对待实验失败有句格言，叫做"干下去还有50％成功的希望，不干便是100％的失败"。

2. 托尔斯泰的分数

俄国大文豪托尔斯泰在谈到人的评价时，把人比作一个分数。他说："一个人就好像一个分数，他的实际才能好比分子，而他对自己的估价好比分母。分母越大，则分数的值就越小。"

3. 雷巴柯夫的常数与变数

俄国历史学家雷巴柯夫在利用时间方面是这样说的："时间是个常数，但对勤奋者来说，是个'变数'。用'分'来计算时间的人比用'小时'来计算时间的人的时间多59倍。"

4. 华罗庚的减号

我国著名数学家华罗庚在谈到学习与探索时指出："在学习中要敢于做减法，就是减去前人已经解决的部分，看看还有哪些问题没有解决，需要我们去探索解决。"

5. 爱迪生的加号

大发明家爱迪生在谈天才时用一个加号来描述，他说："天才＝1％的灵感＋99％的血汗。"

6. 季米特洛夫的正负号

著名的国际工人运动活动家季米特洛夫在评价一天的工作时说："要利用时间，思考一下一天之中做了些什么，是'正号'还是'负号'，倘若是'＋'，则进步；倘若是'－'，就得吸取教训，采取措施。"

7. 爱因斯坦的公式

近代最伟大的科学家爱因斯坦在谈成功的秘诀时，写下一个公式：$A=x+y+z$。并解释道："A代表成功，x代表艰苦的劳动，y代表正确的方法，z代表少说空话。"

8. 芝诺的圆

古希腊哲学家芝诺关于学习知识是这样说的："如果用小圆代表你们学到的知识，用大圆代表我学到的知识，那么大圆的面积是多一点，但两圆之外的空白都是我们的无知面。圆越大其圆周接触的无知面就越多。"

数学语言不仅用来表达和研究科学，而且可以精妙地表达人的思想、性格及追求等，而且是那么言简意赅。如上所述的一些格言，一方面折射出他们伟大的人生，一方面折射出数学之美。让我们喜欢数学，学好数学，用好数学；让我们也用那些数学写成的格言来描绘自己的人生轨迹，我们的人生价值和对人类的贡献将是无可估量的。

蝴蝶定理

1851年，西欧的一本通俗杂志《男士日记》上刊登了一个后来被称为蝴蝶定理的几何征解题：如图，过圆的弦AB的中点M任意引两条弦CD和EF，连接ED、CF分别交AB于P、Q，则$MP=MQ$。由于问题图中图形的圆内部分像一只翩翩起舞的蝴蝶，蝴蝶定理因此得名，证明它是初等几何的近代著名的问题之一。

在问题刊登出的当年，英国的一位中学数学老师霍纳就给出了第一个证明。不过，霍纳的证明比较烦锁，使用的知识也比较深奥。

122年后的1973年，又一位英国的中学教师斯特温利用三角形面积关系，给出了一个简捷的证明。从这以后，这个定理限于初等数学，甚至仅限于初中数学的证明，像雨后春笋般脱颖而出，证法多得不胜枚举。

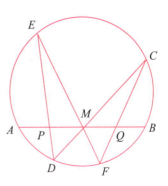

斯特温的证明方法如下：

如图，设 $AM=MB=a$，$MQ=x$，$PM=y$，又设△EPM、△CMQ、△DMP、△FMQ 的面积分别是 S_1、S_2、S_3、S_4.

因为$\angle E=\angle C$，$\angle D=\angle F$，$\angle CMQ=\angle PMD$，$\angle FMQ=\angle PME$，

所以有$\frac{S_1}{S_2}\cdot\frac{S_2}{S_3}\cdot\frac{S_3}{S_4}\cdot\frac{S_4}{S_1}=1$，

即

$$\frac{PE\cdot EM\cdot \sin E}{MC\cdot CQ\cdot \sin C}\cdot\frac{MC\cdot MQ\cdot \sin\angle CMQ}{MP\cdot MD\cdot \sin\angle PMD}\cdot\frac{DM\cdot DP\cdot \sin D}{MF\cdot FQ\cdot \sin F}\cdot$$

$$\frac{MQ\cdot MF\cdot \sin\angle FMQ}{ME\cdot PM\cdot \sin\angle PME}=\frac{PE\cdot DP\cdot (MQ)^2}{CQ\cdot FQ\cdot (PM)^2}=1.$$

所以 $PE\cdot DP\cdot (MQ)^2=CQ\cdot FQ\cdot (MP)^2$.

由相交弦定理有

$$\begin{aligned}CQ\cdot FQ&=BQ\cdot QA\\&=(a-x)(a+x)\\&=a^2-x^2\end{aligned}$$

$$\begin{aligned}PE\cdot DP&=AP\cdot PB\\&=(a-y)(a+y)\\&=a^2-y^2\end{aligned}$$

所以有$(a^2-y^2)x^2=(a^2-x)y^2$

∵x、y 都是正数，∴$x=y$，即 $PM=MQ$.

这就是斯特温的证明方法。

知识点

蝴 蝶

蝴蝶是昆虫中的一类。蝴蝶翅膀阔大，颜色美丽。简称蝶。《本草纲目·蛱蝶》："蝶美于须，蛾美于眉，故又名蝴蝶；俗谓须为胡也。"也作"胡蝶"。蝴蝶、蛾和弄蝶都被归类为鳞翅目。现今世界上有数以万计的物种都归在这类中。它们从白垩纪起随着作为食物的鲜花植物而演进，并为之授粉。它们是昆虫演进中最后一类生物。

延伸阅读

三角函数表

最早的三角函数表是公元2世纪的希腊天文学家托勒密编制的。古希腊人在天文观测过程中,已经认识到三角形的边之间具有某种关系。到了托勒密的时代,人们在天文学的研究中发现有必要建立某些准确确定这些关系的规则。托勒蜜继承了前人的工作成果,并加以整理和发展,汇编了《天文集》一书。书中就包括了我们目前发现的最早的三角函数表。不过这张表和我们现在使用的三角函数表大不相同。

托勒密只研究了"角和弦"。他所谓的弦就是在固定的圆内,圆心角所对弦的长度。$2X$的弦(即角$2X$所对弦的长度)是AB,它是我们现在所说的正弦(即AC/OA,我们把圆的半径定为单位长度,所以$OA=1$)的2倍:1/2 角的弦$2\alpha = \sin\alpha$。托勒密在《天文集》中,编制了以$0.5°$为间隔的从$0°$到$180°$之间所有角度的弦表,因此,它其实是现实意义下的以$0.25°$为间隔的$0°$到$90°$之间的正弦函数表。

今天我们研究的三角函数表里包括四种基本的三角函数:正弦、余弦、正切、余切。

三角函数及其应用的研究,现在已成为一个重要的数学分支——三角函数,它是现代数学的基础知识之一。

费马定理

费马是一个十分活跃的业余数学家,喜欢和别人通信讨论数学问题。他差不多和同时代的数学家都通过信,受到人们的尊敬。

费马经常提出一些难题,寄给熟人,请他们解答,然后再把这些解答与自己的解答对照。他提出的猜想,有被否定掉的,但是他证明过的定理,却从没有被推翻过。其中,不少成了后来书上的重要定理。费马在数论上作出过杰出的贡献。例如,他发现并证明了一个很重要的基本定理:

若P为素数,正整数a不能被P整除,那么$a^{P-1}-1$这个数,一定能够被P整除。

这个定理叫做费马定理或者费马小定理。1640年，当费马证完这个定理后，兴奋地写信告诉他的朋友说："我浸浴在阳光中！这个定理按其在数论和近世代数中的重要性来说，的确是值得称道的。"

比如我们要考察 5^6-1 这个数能不能被7整除，根据费马小定理，由于 $5^6-1=5^{7-1}-1$，所以知道它一定能被7整除。事实也正是这样。

$5^6-1=15\ 624=7\times 2\ 232$。

因为这个数小，所以可以写出来判断。如果是问 $1\ 981^{100}-1$ 能不能被101整除，就不好看出来了，但是根据

$1\ 981^{100}-1=1\ 981^{101-1}-1$，

可以保证这个数能被101整除。1621年，20岁的费马，在巴黎买了一本丢番图的《算术学》的法文译本。不知他在什么时候，在书中关于不定方程 $x^2+y^2=z^2$ 的全部正整数解的这一页上，用拉丁文写了这么一段话：

"任何一个数的立方，不能分解为两个数的立方之和；任何一个数的四次方，不能分解成两个数的四次方之和；一般来说，任何次幂，除平方以外，不可能分解成其他两个同次幂之和。我想出了这个绝妙证明，是书上空白太窄了，不容许我把证明写出来。"

在自己书上的空白处写心得，是一些人的读书习惯，通常叫做"页端笔记"。费马的这段页端笔记，用数学的语言来表达就是：形如 $x^n+y^n=z^n$ 的方程，当 n 大于2时，不可能有正整数解。

费马虽然在数学上有很多重大成就，但是他生前几乎没有出版过什么数学著作。他的著作大都是在他死后，由他的儿子，把他的手稿和与别人往来的书信整理后出版的。

费马死后，有人翻阅他的那本丢番图的书时，发现了那段写在书眉上的话。1670年，他的儿子出版了费马的这部分页端笔记，大家才知道这一问题。后来，人们就把这一论断，称为费马大定理或者费马问题。

数 论

数论就是指研究整数性质的一门理论。整数的基本元素是素数，所以数论的本质是对素数性质的研究。2000年前，欧几里得证明了有无穷个素数。

寻找一个表示所有素数的素数通项公式,或者叫素数普遍公式,是古典数论最主要的问题之一。它是和平面几何学同样有着悠久历史的学科。高斯誉之为"数学中的皇冠"。按照研究方法的难易程度来看,数论大致上可以分为初等数论(古典数论)和高等数论(近代数论)。

延伸阅读

结绳记事典故

古人为了要记住一件事,就在绳子上打一个结。以后看到这个结,他就会想起那件事。如果要记住两件事,他就打两个结。记三件事,他就打三个结,如此等等。如果他在绳子上打了很多结,恐怕他想记的事情也就记不住了,所以这个办法虽简单但不可靠。据说波斯王大流士一世给他的指挥官们一根打了60个结的绳子,并对他们说:"爱奥尼亚的男子汉们,从你们看见我出征塞西亚人那天起,每天解开绳子上的一个结,到解完最后一个结那天,要是我不回来,就收拾你们的东西,自己开船回去。"

宋代词人张先写过"心似双丝网,中有千千结"。以形容失恋后的女孩儿思念故人、心事纠结的状态。在古典文学中,"结"一直象征着青年男女的缠绵情思,人类的情感有多么丰富多彩,"结"就有多么千变万化。"结"在漫长的演变过程中,被多愁善感的人们赋予了各种情感愿望。托结寓意,在汉语中,许多具有向心性聚体的要事几乎都用"结"字作喻,如:结义、结社、结拜、结盟、团结等等。并且对于男女之间的婚姻大事,也均以"结"表达,如:结亲、结发、结婚、结合、结姻等等。结是事物的开始,有始就有终,于是便有了"结果"、"结局"、"结束"。如此像"同心结"自古以来便为男女间表示海誓山盟的爱情信物,又如"绣带合欢结,锦衣连理文"等,结饰已被民间公认为是传达情感的定情之物。而"结发夫妻"也源于古人洞房花烛之夜,男女双方各取一撮长发相结以誓爱情永恒。有诗云"交丝结龙凤,镂彩结云霞,一寸同心缕,百年长命花"就是对永恒爱情生动的写照。

中国剩余定理

在我国古代民间中，长期流传着"隔墙算"、"剪管术"、"秦王暗点兵"等数学游戏。有一首"孙子歌"，甚至远渡重洋，传入日本：

"三人同行七十稀，五树梅花廿一枝，

七子团圆正半月，除百令五便得知。"

这些饶有趣味的数学游戏，以各种不同形式，介绍世界闻名的"孙子问题"的解法，通俗地反映了中国古代数学一项卓越的成就。

"孙子问题"在现代数论中是一个一次同余问题，它最早出现在我国公元4世纪的数学著作《孙子算经》中。《孙子算经》卷下"物不知数"题说：

有物不知其数，三个一数余二，五个一数余三，七个一数又余二，问该物总数几何？显然，这相当于求不定方程组：

$N=3x+2$，$N=5y+3$，$N=7z+2$

的正整数解 N，或用现代数论符号表示，等价于解下列的一次同余组：

$N\equiv 2(\bmod\ 3)\equiv 3(\bmod\ 5)\equiv 2(\bmod\ 7)$

《孙子算经》所给答案是 $N=23$。由于孙子问题数据比较简单，这个答数通过试算也可以得到。但是《孙子算经》并不是这样做的。"物不知数"题的术文指出解题的方法：三三数之，取数七十，与余数二相乘；五五数之，取数二十一，与余数三相乘；七七数之，取数十五，与余数二相乘。将诸乘积相加，然后减去一百零五的倍数。列成算式就是：

$N=70\times 2+21\times 3+15\times 2-2\times 105$

这里 105 是模数 3、5、7 的最小公倍数，不难看出，《孙子算经》给出的是符合条件的最小正整数。对于一般余数的情形，《孙子算经》术文指出，只要把上述算法中的余数 2、3、2 分别换成新的余数就行了。以 R_1、R_2、R_3 表示这些余数，那么《孙子算经》相当于给出公式

$N=70\times R_1+21\times R_2+15\times R_3-P\times 105$（$P$ 是整数）

孙子算法的关键，在于 70、21 和 15 这三个数的确定。后来流传的《孙子歌》中所说"七十稀"、"廿一枝"和"正半月"，就是暗指这三个关键的数字。《孙子算经》没有说明这三个数的来历。实际上，它们具有如下特性：

$$70 = 2 \times \frac{3 \times 5 \times 7}{3} \equiv 1 (\mod 3)$$

$$21 = 1 \times \frac{3 \times 5 \times 7}{5} \equiv 1 (\mod 5)$$

$$15 = 1 \times \frac{3 \times 5 \times 7}{7} \equiv 1 (\mod 7)$$

也就是说，这三个数可以从最小公倍数 $M=3\times5\times7=105$ 中各约去模数 3、5、7 后，再分别乘以整数 2、1、1 而得到。假令 $k_1=2$，$k_2=1$，$k_3=1$，那么整数 k_i（$i=1,2,3$）的选取使所得到的三个数 70、21、15 被相应模数相除时，余数都是 1。由此出发，立即可以推出，在余数 R_1、R_2、R_3 的情况下：

$$R_1 \times k_1 \times \frac{M}{3} = R_1 \times 2 \times \frac{3\times5\times7}{3} \equiv R_1 (\mod 3)$$

$$R_2 \times k_2 \times \frac{M}{5} = R_2 \times 1 \times \frac{3\times5\times7}{5} \equiv R_2 (\mod 5)$$

$$R_3 \times k_3 \times \frac{M}{7} = R_3 \times 1 \times \frac{3\times5\times7}{7} \equiv R_3 (\mod 7)$$

综合以上三式又可得到：

$$R_1 \times 2 \times \frac{3\times5\times7}{3} + R_2 \times 1 \times \frac{3\times5\times7}{5} + R_3 \times 1 \times \frac{3\times5\times7}{7}$$

$$\equiv R_1 (\mod 3)$$
$$\equiv R_2 (\mod 5)$$
$$\equiv R_3 (\mod 7)$$

因为 $M=3\times5\times7$ 可被它的任一因子整除，于是又有：

$$R_1 \times 2 \times \frac{3\times5\times7}{3} + R_2 \times 1 \times \frac{3\times5\times7}{5} + R_3 \times 1 \times \frac{3\times5\times7}{7} - PM$$

$$\equiv R_1 (\mod 3)$$
$$\equiv R_2 (\mod 5)$$
$$\equiv R_3 (\mod 7)$$

这里的 P 是整数。这就证明了《孙子算经》的公式。应用上述推理，可以完全类似地把孙子算法推广到一般情形：设有一数 N，分别被两两互素的几个数 $a_1, a_2, \cdots, a_n$ 相除得余数 $R_1, R_2, \cdots, R_n$，即

$$N \equiv R_i (\mod a_i)(i=1,2,\cdots,n)$$

只需求出一组数 k_i，使其满足：

$$k_i \frac{M}{a_i} \equiv 1 (\mathrm{mod}\ a_{ai}) (i=1,2,\cdots,n)$$

那么，适合同余组的最小正数解是

$$N = R_1 k_1 \frac{M}{a_1} + R_2 k_2 \frac{M}{a_2} + R_3 k_3 \frac{M}{a_3} + \cdots + R_n k_n \frac{M}{a_n}$$

这就是现代数论中著名的剩余定理。如上所说，它的基本形式已经包含在《孙子算经》"物不知数"题的解法之中了。不过《孙子算经》没有明确地表述这个一般定理。

知识点

公倍数

公倍数指在两个或两个以上的自然数中，如果它们有相同的倍数，这些倍数就是它们的公倍数。这些公倍数中最小的，称为这些整数的最小公倍数。

延伸阅读

"孙子"荡杯问题

在中国古算书中，《孙子算经》一直在我国数学史上占有重要的地位，其中的"盈不足术"、"荡杯问题"等都有着许多有趣而又不乏技巧的算术程式。

孙子算经卷下第十七问给我们描述的就是著名的"荡杯问题"的程式。题曰："今有妇人河上荡杯。津吏问曰：'杯何以多？'妇人曰：'有客。'津吏曰：'客几何？'妇人曰：'二人共饭，三人共羹，四人共肉，凡用杯六十五。不知客几何？'"

很明显，这里告诉我们这次洗碗事件，要处理的是65个碗共有多少人的问题。其中有能了解客人数的信息是2人共碗饭，3人共碗羹，4人共碗肉。通过这几个数值，很自然就能解决客人数问题。因为客人数是固定值，因此将其列成今式为 $N/2+N/3+N/4=65$，易得客人数为60人。

而该题的解法与今解如出一辙，其有"术曰：置六十五杯，以一十二乘之，得七百八十，以十三除之，即得"可证。

数学符号是数学科学专门使用的特殊符号,是一种含义高度概括、形体高度浓缩的抽象的科学语言。数学符号是数学王国一件必不可少的、不可替代的重要工具。

具体地说,数学符号是产生于数学概念、演算、公式、命题、推理和逻辑关系等整个数学过程中,为使数学思维过程更加准确、概括、简明、直观和易于揭示数学对象的本质而形成的特殊的数学语言。

由于数学符号的出现,数学才变得更加简洁,体现了数学的简洁美,更重要的是使用起来方便,缩短了书写时间。只有符号的建立,才能总结便于运算的各种规则,便于推理,也才能真正揭示数量之间的关系。

数学符号的种类和意义

数学符号的种类

(1) 数量符号:如:i,2+i,a,x,自然对数底 e,圆周率 π。

(2) 运算符号:如加号(+),减号(-),乘号(×或·),除号(÷或/),两个集合的并集(∪),交集(∩),根号(√ ̄),对数(log, lg, ln),比(∶),微分(dx),积分(∫)等。

(3) 关系符号:如"="是等号,"≈"是约等于号,"≠"是不等号,">"是大于号,"<"是小于号,"→"表示变量变化的趋势,"∽"是相似符号,"≌"是全等符号,"∥"是平行符号,"⊥"是垂直符号,"∝"是成正比

符号（没有成反比符号，但可以用成正比符号配倒数当作成反比），"∈"是属于符号，"⊂"或"⊆"是"包含"符号等。

（4）结合符号：如小括号"（）"，中括号"［］"，大括号"｛｝"，横线"—"。

（5）性质符号：如正号"＋"，负号"－"，绝对值符号"｜｜"。

（6）省略符号：如三角形（△），正弦（sin），余弦（cos），x 的函数（$f(x)$），极限（lim），因为（∵），所以（∴），总和（Σ），连乘（Π），从 n 个元素中每次取出 r 个元素，所有不同的组合数（$C(r)(n)$），幂（A，Ac，Aq，x^n），阶乘（!）等。

（7）其他符号：$α$，$β$，$γ$ 等多个符号。

≈ ≡ ≠ ≤ ≥ ∵
≮ ≯ ± × ÷ ∫
∮ ∝ ∞ ∈ ∵ ∴
⊥ ∥ ∠ ≌ ∽ √

数学符号的意义

∞　无穷大

π　圆周率

$|x|$　绝对值

∪　并集

∩　交集

＝　等于

≠　不等于

＜　小于

＞　大于

≥　大于等于

≤　小于等于

≡　恒等于或同余

$\ln(x)$　以 e 为底的对数

$\lg(x)$　以 10 为底的对数

$\text{floor}(x)$　下取整函数

ceil(x)　　上取整函数

x mod y　　求余数

$x-$floor(x)　　小数部分

$\int f(x)\mathrm{d}x$　　不定积分

$\int_a^b f(x)\mathrm{d}x$　　a 到 b 的定积分

≫　远远大于号

≪　远远小于号

⊆　包括

⊙　圆

φ　直径

对　数

如果 a 的 n 次方等于 b（a 大于 0，且 a 不等于 1），那么数 n 叫做以 a 为底 b 的对数，记作 $n=\log_a b$，也可以说 log(a) $b=n$。其中，a 叫做"底数"，b 叫做"真数"，n 叫做"以 a 为底 b 的对数"。

三角函数符号的由来

sine（正弦）一词始于阿拉伯人雷基奥蒙坦。他是 15 世纪西欧数学界的领军人物，他于 1464 年完成的著作《论各种三角形》，1533 年开始发行，这是一本纯三角学的书，使三角学脱离天文学，独立成为一门数学分支。

cosine（余弦）及 cotangent（余切）为英国人根日尔首先使用，最早在 1620 年伦敦出版的他所著的《炮兵测量学》中出现。

secant（正割）及 tangent（正切）为丹麦数学家托马斯·芬克首创，最早见于他的《圆几何学》一书中。

cosecant（余割）一词为锐梯卡斯所创。最早见于他1596年出版的《宫廷乐章》一书。

1626年，阿贝尔特·格洛德最早推出简写的三角函数符号："sin"、"tan"、"sec"。1675年，英国人奥屈特最早推出余下的简写三角函数符号："cos"、"cot"、"csc"。但直到1748年，经过数学家欧拉的引用后，才逐渐通用起来。

1949年至今，由于受苏联教材的影响，我国数学书籍中"cot"改为"ctg"；"tan"改为"tg"，其余四个符号均未变。这就是为什么我国市场上流行的进口函数计算器上有"tan"而无"tg"按键的缘故。

"＋"和"－"

从小学起，我们就和"＋"、"－"这两个符号打交道了。但人们认识和运用这两个符号，却有一段漫长的历史。

公元前2000年的古巴比伦人遗留下来的泥版和公元前1700年古埃及人的阿摩斯纸草中，就有了加法和减法的记载。

在埃及尼罗河里，长着像芦苇似的水生植物，它的阔大的叶子像一张张结实的纸，后人称之为阿摩斯纸草。在这些纸草上，用一个人走近的形状"︵︵"表示加法，比如"1︵︵2"代表"1＋2"的意思；用一个人走开的形状"︶︶"表示减法，比如"2︶︶1"代表"2－1"的意思。

古希腊人的办法更高明一点儿，他们用两个数衔接在一起的形式代表加法。例如用"$3\frac{1}{4}$"表示"$3+\frac{1}{4}$"；用两个数中间拉开一段距离的形式代表减法，例如用"$3\ \ \frac{1}{4}$"表示"$3-\frac{1}{4}$"。

古希腊的丢番图以两数并列表示相加，亦以一斜线"／"及曲线"⌒"分别作加号和减号使用。古印度人一般不用加号，只有在公元3世纪的巴赫沙里的残简中以"yu"作加及"＋"作减。

14世纪至16世纪欧洲文艺复兴时期，欧洲人用过拉丁文plus（相加）的第一个字母"p"代表加号，比如"3p5"代表"3＋5"的意思；用拉丁文minus（相减）的第一个字母"m"代表减号，比如"5m3"代表"5－3"的意思。

中世纪以后，欧洲商业逐渐发展起来。传说当时卖酒的人，用线条"—"记录酒桶里的酒卖了多少。在把新酒灌入大桶时，就将线条"—"勾销变成为"＋"，灌回多少酒就勾销多少条。商人在装货的箱子上画一个"＋"表示超重，画一个"—"表示质量不足。久而久之，"＋"给人以相加的形象，"—"给人以相减的形象。

当时德国有个数学家叫魏德曼，他非常勤奋好学，整天废寝忘食地搞计算，很想引入一种表示加减运算的符号。魏德曼巧妙地借用了当时商业中流行的"＋"和"—"。1489年，在他的著作《简算和速算》一书中写道：

在横线"—"上添加一条竖线来表示相加的意思，把符号"＋"叫做加号；从加号里拿掉一条竖线表示相减的意思，把符号"—"叫做减号。

法国数学家韦达对魏德曼采用的加号、减号的记法很感兴趣，在计算中经常使用这两个符号。所以在1630年以后，"＋"和"—"在计算中已经是屡见不鲜了。

此外，英国首次使用这两个符号（1557年）的是雷科德，而荷兰则于1637年引入这两个符号，同时亦传入其他欧洲大陆国家，后渐流行于全世界。

加 法

加法是基本的四则运算之一，它是指将两个或者两个以上的数、量合起来，变成一个数、量的计算。表达加法的符号为加号（＋）。进行加法时以加号将各项连接起来。把和放在等号（＝）之后。例：1、2和3之和是6，就写成：1＋2＋3＝6。

点点繁星知多少

远在几千年前，古希腊人便开始数星星的工作了，当时著名的天文学家希帕恰斯发现天上的星星有明有暗，于是他便按星的明暗程度分为不同的等级，共划分六等。后来人们发现，一等星共有20颗，二等星有46颗，三等星有146颗，四等星有418颗，五等星有1 476颗，六等星有4 840颗。肉眼所能看见的全天空里的星星不过6 000多颗，由于我们生活在地球上，晚上只能看到半个天球，一半天球的星星在地平线以下，所以我们一个晚上所能看到的星星不超过3 000多颗。后来，天文望远镜诞生了，人们通过这双"千里眼"，可以看到比六等星更暗的星星。根据观测和计算，银河系里大约有2 000亿颗星星。而银河系这样巨大的星系有4亿个。这仅仅是我们能观测到的。而每个这样的星系中恒星的数目均为1 000亿颗！

">"和"<"

现实世界中的同类量，如长度与长度，时间与时间之间，有相等关系，也有不等关系。我们知道，相等关系可以用"="表示，那么，不等关系用什么符号来表示呢？

为了寻求一套表示"大于"或"小于"的符号，数学家们绞尽了脑汁。

1629年，法国数学家日腊尔在他的《代数教程》中，用象征的符号"ff"表示"大于"，用符号"§"表示"小于"。例如，A 大于 B，记作："A ff B"，A 小于 B，记作："A § B"。

1631年，英国数学家哈里奥特首先创用符号">"表示"大于"，"<"表示"小于"，这就是现在通用的大于号和小于号。例如，$5>3$，$-2<0$，$a>b$，$m<n$。

与哈里奥特同时代的数学家们也创造了一些表示大小关系的符号。例如，1631年，数学家奥乌列德曾采用"⊐"代表"大于"；用"⊏"代表"小于"。

1634年，法国数学家厄里贡在他写的《数学教程》里，引用了很不简便的符号，表示不等关系，例如：

$a>b$ 用符号"$a3\mid 2b$"表示；

$b<a$ 用符号"$b2\mid 3a$"表示。

因为这些不等号书写起来十分烦琐，很快就被淘汰了。只有哈里奥特创用的">"和"<"，在数学中广为传用。

有的数学著作里也用符号"≫"表示"远大于",其含义是表示"一个量比另一个量要大得多";用符号"≪"表示"远小于",其含义是表示"一个量比另一个量要小得多"。例如,$a \gg b$,$c \ll d$。

至近代,">"及"<"是分别表示大于及小于的符号,逐渐被统一及广泛采用。并以"≯""≮"及"≠"来表示为"不大于"、"不小于"及"不等于"。

哈里奥特

托马斯·哈里奥特(1560~1621),是英国著名的天文学家、数学家、翻译家。作为一位数学家,哈里奥特常被认为是英国代数学学派的奠基人。他在这个领域的巨著《使用分析学》,直到他去世10年之后的1631年才被发表。此书主要讲的是方程理论,包括一次、二次、三次和四次方程的处理,具有给定根的方程的建立方法,方程的根与系数的关系,把一个方程变成其根与原方程的根有特定关系的方程的变换,以及方程的数值解。他是第一次用符号">"(大于)和符号"<"(小于)的人,但是,没有立即被其他人接受。

"没有来的举手"

从前,山东省有个大军阀,在一次会议开始时想点点名,了解一下哪些人来,哪些人没来。可是,到会的人数比较多,点名很费事,于是这个不学无术的军阀就想了一个"办法",他大声地叫道:

"没有来的人举手!"

他认为没有来的人总是少数,只要知道哪些人没来,来的人无需一一点名就知道了。到会的人面面相觑,都感到莫明其妙。

在数学中，集合是一个重要的基本概念。今天会议应到的人就构成一个集合。其中实到的人是应到的人的一部分。我们就把应到的人叫做"全集"，实到的人叫做它的"子集"。未到的人也是应到的人的一部分，所以它也是一个子集。实到的人这个子集与未到的人这个子集正好是应到的人这个全集，我们把这两个子集叫做互补的集合。这个军阀为了了解"实到的人"这个子集，转而去了解这个子集的补集——未到的人的集合。这个方法是不错的。不过由于他脱离了实际，结果闹了个大笑话。

"补集"的思想在我们生活中是常用的。现在是什么时间了？3时差2分。这里不说2时58分，因为3时差2分比较简单明了。我们在电视和小说中也常看到，公安人员侦破案子时，总是逐一地把确证为不可能作案的嫌疑者排除掉，从而缩小嫌疑对象的范围，这里也用到补集的思想。

在小学，学习心算和速算时，补数的用途很多。进位的加法的口诀是"进一减补"，退位减法的口诀是"退一加补"。乘法速算用到补数的地方也不少。9加1得10，9和1可以看成是互补的。类似地，97和3，999和1也是互补的。倒数关系以及初中学的相反数关系，也都可以理解为一种互补的关系。下面举几个例子：

例1. $457-98=457-100+2=357+2=359$

这里，98与2是互补的数，减去98，转化为加它的互补数2来做。

例2. $1\,500÷25=1\,500÷(100÷4)$

$=1\,500÷100×4$

$=15×4$

$=60$

这里，25与4是互补的关系。除以25，转化为乘以25的互补数4。

例3. $4.88×1.25=(4.88÷8)×(1.25×8)$

$=0.61×10$

$=6.1$

这里，1.25与8是互补数。乘以1.25，转化为除以它的互补数8。

在几何中，补角和余角都是互补思想的运用。不过以直角为全集时，两个角的关系不叫互补，而叫互余罢了。

分数符号

分数分别产生于测量及计算过程中。在测量过程中，它是整体或一个单位的一部分；而在计算过程中，当两个数（整数）相除而除不尽的时候，便得到分数。

其实很早已有分数的产生，各个文明古国的文化也记载了有关分数的知识。古埃及人、古巴比伦人亦有分数记号，至于古希腊人则用 L'' 表示 $\frac{1}{2}$，例如：$\alpha L''=1\frac{1}{2}$，$\beta L''=2\frac{1}{2}$，$\gamma L''=3\frac{1}{2}$ 等。至于在数字的右上角加两撇点 "''"，便表示该数的几分之一。

至于我国，很早就已采用了分数，世上最早的分数研究出现于《九章算术》，在《九章算术》中，系统地讨论了分数及其运算。（《九章算术》"方田"章 "大广田术" 指出："分母各乘其余，分子从之。" 这正式的给出了分母与分子的概念）。而古代中国的分数记数法，分别有两种，其中一种是汉字记法，与现在的汉字记数法一样："…分之…"；而另一种是筹算记法：

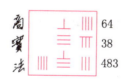

用筹算来计算除法时，当中的"商"在上，"实"（即被除数）列在中间，而"法"（即除数）在下，完成整个除法时，中间的实可能会有余数，如图所示，即表示分数 $64\frac{38}{483}$。在公元 3 世纪，中国人就用了这种记法来表示分数了。

古印度人的分数记法与我国的筹算记法是很相似的，例如 $\frac{1}{3}=\frac{1}{3}$，$\frac{1}{\frac{1}{3}}=1\frac{1}{3}$。

在公元 12 世纪，阿拉伯人海塞尔最先采用分数线。他以 $\dfrac{2+\dfrac{3+\dfrac{3}{5}}{8}}{9}$ 来表示 $\dfrac{332}{589}$。

而斐波那契是最早把分数线引入欧洲的人。至15世纪后，才逐渐形成现代的分数算法。在1530年，德国人鲁多尔夫在计算 $\frac{2}{3}+\frac{3}{4}$ 的时候，以 $\frac{\frac{8}{2}\quad\frac{9}{3}}{12}$ 计算得 $\frac{17}{12}$，到后来才逐渐地采用现在的分数形式。

1845年，德摩根在他的一篇文章"函数计算"中提出以斜线"/"来表示分数线。由于把分数 $\frac{a}{b}$ 以 a/b 来表示，有利于印刷排版，故现在有些印刷书籍也有采用这种斜线"/"代表分数符号。

余　数

在整数的除法中，只有能整除与不能整除两种情况。当不能整除时，就产生余数，所以余数问题在小学数学中非常重要。

取余数运算：

$a \bmod b = c$ 表示整数 a 除以整数 b 所得余数为 c。

如 $7 \bmod 3 = 1$。

分数起源

分数在我国很早就有了，最初分数的表现形式跟现在不一样。后来，印度出现了和我国相似的分数表示法。再往后，阿拉伯人发明了分数线，分数的表示法就成为现在这样了。

200多年前，瑞士数学家欧拉，在《通用算术》一书中说，要想把7米长的一根绳子分成三等份是不可能的，因为找不到一个合适的数来表示它。如果我们把它分成三等份，每份是7/3米，像7/3就是一种新的数，我们把它叫做分数。

为什么叫它分数呢？分数这个名称直观而生动地表示这种数的特征。例如，一个西瓜四个人平均分，不把它分成相等的四块行吗？从这个例子就可以看出，分数是度量和数学本身的需要——除法运算的需要而产生的。

最早使用分数的国家是中国。我国古代有许多关于分数的记载。在《左传》一书中记载，春秋时代，诸侯的城池，最大不能超过周国的1/3，中等的不得超过1/5，小的不得超过1/9。

秦始皇时期，拟定了一年的天数为365又1/4天。

《九章算术》是我国1 800多年前的一本数学专著，其中第一章"方田"里就讲了分数的四则算法。

在古代，中国使用分数比其他国家要早出1 000多年，所以说中国有着悠久的历史。多么灿烂的分数的文化啊！

小数符号

我国是最早使用小数的国家。早在3世纪，三国时期魏国的数学家刘徽在著《九章算术》的时候，已指出在开方开不尽的情况下，可以用十进分数（小数）表示。在元朝刘瑾（约1300年）所著的《律吕成书》中更把现今的106 368.631 2的小数部分降低一行来记，可谓是世界最早的小数表达法。

除我国外，较早使用小数的便是阿拉伯人卡西，他以十进分数（小数）计算出 π 的17位有效数值。

至于欧洲，法国人佩洛斯于1492年，首次在他出版的算术书中以点"."表示小数。但他的原意是：两数相除时，若除数为10的倍数，如123 456÷600，先以点把末两位数分开再除以6，即1 234.56÷6，这样虽是为了方便除法，不过已确有小数之意。

到了1585年，比利时人斯蒂文首次明确地阐述小数的理论，他把32.57记作：3257⓪①② 或 32⓪5①7②。而首个如现代般明确地以"."表示小数的人则是德国人克拉维乌斯。他于1593年在自己的数学著作中以46.5表示 $46^1/_2 = 46^5/_{10}$。这个表示法很快就为人们所接受，但具体的用法还有很大差别。如

1603 年德国天文学家拜尔以 8798 表示现在的 8.007 98，以 14.3761 表示现在的 14.000 037 61，以 123.4.5.9.8.7.2 或 123.459.872 表示 123.459 872。

苏格兰数学家纳泊尔于 1617 年更明确地使用现代小数符号，如以 25.803 表示 $25^{803}/_{1\,000}$，后来该用法日渐普遍。40 年后，荷兰人斯霍滕明确地以 "," （逗号）作小数点。他分别记 58.5 及 638.32 为 58, 5①及 638, 32②，及后除掉表示的最后之位数①、②等，且日渐通用，而其他用法也一直沿用。直至 19 世纪末，还有以 2'5，2°5，2'5，2ˌ5，2▲5，2,5，等表示 2.5。

现代小数点的使用大体可分为欧洲大陆派（德、法、俄等国）及英美派两大派系。前者以 "," 作小数点，"." 作乘号；后者以 "." 作小数点，以 "," 作分节号（三位为一节）。大陆派不用分节号。我国向来采用英美派记法，但近年已不用分节号了。

倍　数

对于整数 m，能被 n 整除（m/n），那么 m 就是 n 的倍数。相对来说，称 n 为 m 的因数。如 15 能够被 3 或 5 整除，因此 15 是 3 的倍数，也是 5 的倍数。

一个数的倍数有无数个，也就是说一个数的倍数的集合为无限集。

▶ 延伸阅读

小数点掀起大波澜

小数点可以说是微不足道，但它却在美国股市掀起了一场不大不小的波澜。

2001 年 1 月 29 日起，纽约证券交易所（NYSE）结束了使用 3 年的十六进制计价法，全面启用小数计价法。但新计价法推行近两个月后，市场的反应却是：散户投资者拍手称快，而机构投资者却怨声载道，证券交易所忙得不可开交。

嘉信（Charles Schwab）副总裁马克·特里尼（Mark Tellini）说："小数计价法给散户带来了好处，因为买卖价差缩小了。"在纽约证券交易所试行小数计价法之时，两位负责研究的教授就发现小数计价法将买卖差价缩小了至少1/3。例如，对于一笔1 000股的交易来说，1/16的价格差等于62.5美元，这远远大于网上股票代理商所收取的佣金。而实行小数计价法后，1 000股的交易价差只有10美元。

嘉信在纽约证券交易所实行小数计价法的前15天和后5天跟踪了他们所持股票的交易情况，发现股票买卖差价缩小了56.6%。

在散户投资者受惠的同时，机构投资者却纷纷抱怨，因为采用小数计价法后，股票价格跳涨的阶差增多了，这使得他们很难进行大宗股票交易。当股票用十六进制计价法时，每笔交易中每1美元之间相差十六个点。但在使用了小数计价法后，每1美元之间就相差100个点，这让他们很难确定下一个成交价位点会出现在哪里。实行小数计价法后，股票成交价位很可能从0.08美元直接跳到0.15美元，这使得市场变得更加风云莫测。另外，小数计价法还意味着下单时可以同时用几个不同的价钱下单。根据嘉信的统计，自小数计价法实行后，该公司客户多次下单数增加了6.5%。

如何解决小数计价法引发的一系列问题，似乎有着更深远的意义。作为一种创新，小数计价法已是大势所趋。

零

零是位值制记数法的产物。我们现在使用的印度－阿拉伯数字，就是用了十进制位记数法。例如要表示203，2 300这样的数，没有零的话，便无法表达出来，因此零有显著的用途。

世界上最早使用十进制位值制记数法的是中国，但是长期没有采用专门表示零的符号，这是由于中国语言文字上的特点。除了个位数外，还有十、百、千、万位数。因此230可说成"二百有三"（三前常加"有"），意思十分明确，而203可说成"二百零三"，这里的"零"是"零头"的意思，这就更不怕混

淆了。

除此之外，由于古代中国很早（不晚于公元前5世纪）就普遍地采用算筹作为基本的计算工具。在筹算数字中，是以空位来表示零的。由于中国数字是一字一音、一字一格的，从一到九的数字亦是一数一字，所以在书写的时候，一格代表一个数，一个空格即代表一个零，两个空格即代表两个零，十分明确。

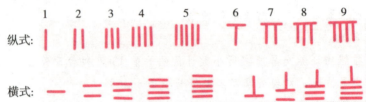

我国古代把竹筹摆成不同的形状，表示一到九的数字。

记数的方法是个位用纵式，十位用横式，百位用纵式，千位用横式，依此类推。用上面九个数字纵横相间排列，能够表示出任意一个数。

例如"123"这个数可摆成：| = |||。但是，"206"这个数，就不能摆成：||T，这样就是"26"了。这时必须在中间空一位，摆成：|| T。这里的空位，就是产生零的萌芽。

公元前4世纪时，人们用在筹算盘上留下空位的办法来表示零。不过这仅仅是一个空位而已，并没有什么实在的符号，容易使人产生误解。后来人们就用"空"字代替空位，如把206摆成：||空T，然而用空字代表零，在数字运算中，和纵横相间的算筹交织在一起，很不协调，于是又用"□"表示零。例如南宋蔡沈著的《律吕新书》中，曾把104 976记作"十□四千九百七十六"。用"□"表示零，标志着用符号表示零的新阶段。

但他们常用的行书，很容易把方块画成圆圈，所以后来便以"○"来表示零，而且逐渐成了定例。这种记数法最早在金《大明历》中已采用，例如以"四百○三"表示403，后渐通用。

但是，中国古代的零是圆圈"○"表示，并不是现代常用的扁圆"0"表示。希腊的托勒密是最早采用这种扁圆"0"的人，由于古希腊数字是没有位值制的，因此零并不是十分迫切的需要，但当时用于角度上的60进位制（源自古巴比伦人，沿用至今），很明确的以扁圆"0"表示空位，例如 $\overline{\mu\alpha o}$ $\overline{\iota\eta}$ 代表

41°0′18″。后来古印度人的"0",可能是受其影响。

在印度,也是很早就已使用十进制位值制记数法了。他们最初也是用空格来表示空位,如 37 即是 307,但这个方法在表达上并不明确,因此他们便以小点以表示空位,如 3.7,即是 307。在公元 876 年,在瓜里尔(Gwalior,印度城市)地方的一个石碑上,发现了最早以扁圆"0"作为零的记载。印度人是首先把零作为一个数字使用的。后来,印度数字传入阿拉伯,并发展成现今我们所用的印度-阿拉伯数字,而在 1202 年,意大利数学家斐波那契把这种数字(包括0)传入欧洲,并逐渐遍布全世界。印度-阿拉伯数字(包括0)在中国的普遍使用是 20 世纪的事了。此外,其他古代民族对零的认识及零的符号也作出了一定的贡献。如古巴比伦人创作了六十进制位值制记数法。并在公元前 2 世纪已采用  作为零的符号。而美洲玛雅人亦于公元前创立了二十进制位值制记数法,并以  作为零的符号。

知识点

公 元

公元是"公历纪元"的简称,是国际通行的纪年体系。以传说中耶稣基督的生年为公历元年(相当于中国西汉平帝元年)。公元常以 A.D. 表示,公元前则以 B.C. 表示。

延伸阅读

除以 0 的问题

0 不能做除数的原因

1. 0 不能做除数的数学原因

(1)如果除数是 0,被除数是非零自然数时,商不存在。这是由于任何数乘以 0 都不会得出非零自然数。

(2)如果被除数、除数都等于 0,在这种情况下,商不唯一,可以是任何数。这是由于任何数乘以0都等于0。

2. 0不能做除数的物理原因

一个正整数 x（被除数）除以另一个正整数 n（除数）意味着将被除数等分 n 份后每一份的大小。

除以0的物理意义就是要把一个物体等分成0份，也就是将一个存在的物体完全消灭，使它在宇宙中消失，但是，在一般的物理电学计算中，一般把0当作无限小。

爱因斯坦相对论向我们揭示了物质和能量的关系，这个理论说明整个宇宙中的物质和能量是守恒的，根本不可能将一个物体完全毁灭，有时候一个物体看起来消失了，其实是转化成了能量。

除以0，从物理意义看违背能量守恒定理。

假设除以0有意义的推断

1/0 的大小的推断

若除以0是有意义的，那么是多大呢？

如果1除以一个越小的正数，得到的是一个越大的正数。

$1/0.1=10$，$1/0.01=100$，$1/0.001=1\,000$……

也就是说，若 $1/n=y$，$n>0$，$y>0$，当 n 越趋近于0时，y 越大。

同理，如果1除以一个越大的负数，得到的是一个越小的负数。

$1/-0.1=-10$，$1/-0.01=-100$，$1/-0.001=-1\,000$……

也就是说若 $1/n=y$，$n<0$，$y<0$，当 n 越趋近于0时，y 越小。

不过当 $n=0$ 时，y 并不等于正无穷或负无穷（从正负两个不同角度推得）

1/0 这个数大于无限大，1/0 小于无限小，1/0 是一个极限数。这个极限数 1/0 是极限大也是极限小，是所有实数中最大的数也是最小的数，极限大和极限小统一于 1/0。

"0"等于"无穷大"的推断

所有素数相乘等于无穷大，无穷大中包含所有素因子，0包含所有素因子，0等于无穷大。

"自然数"是在人类认识世界的过程中产生的。世界是无穷大的。无穷大被自然数以1为单位分割。光凭人眼，在四周上下一片漆黑中，很难想象，"1"存在的价值。世界没有了断点，没有了任何数，不是"0"是什么。

对数符号

15～16世纪，天文学处于科学的前沿，许多学科在它的带动下发展。1471年，德国数学家雷基奥蒙斯坦从天文计算的需要出发，绘制出了第一张具有八位数字的正弦表。精密三角函数表的问世，伴随着出现的是大数的运算。但尤其是乘除运算，当时还没有一个简单的办法。能否用加、减运算来代替乘除运算呢？这个问题吸引了当时的许多数学家。

1641年，苏格兰数学家纳皮尔发表了名著《奇妙的对数定律说明书》，向世人公布了新的计算法——对数。当时指数的概念尚未形成，纳皮尔不是从指数出发，而是通过研究直线运动得出对数概念的。

对数一词是由一希腊词（拉丁文 logos，意为："表示思想的文字或符号"，亦可作"计算"或"比率"讲）及另一希腊词（数）结合而成的。纳皮尔表示对数时套用 logarithm 整个词，并没做简化。

至1624年，开普勒才把词简化为"Log"，奥特雷得于1647年也是这样用。1632年，卡瓦列里成了首个采用符号"log"的人。1821年，柯分以"l"及"L"分别表示自然对数和任意且大于1的底之对数。1893年，皮亚诺以"$\log x$"及"$\mathrm{Log} x$"分别表示以 e 为底之对数和以10为底的对数。同年，斯特林厄姆以"$b\log$"，"$\ln$"及"$\log k.$"分别表示以 b 为底的对数，自然对数和以复数模 k 为底的对数。1902年，施托尔茨等人以"$a\log.b$"表示以 a 为底 b 的对数，后渐成现在之形式。

对数于17世纪中叶由穆尼阁引入中国。17世纪初，薛凤祚著的《历学会通》有"比例数表"（1653年，"比例对数表"），称真数为"原数"，对数为"比例数"。《数理精蕴》亦称作对数比例，说："对数比例乃西士若往.纳皮尔所作，以借数与真数对列成表，故名对数表"。因此，以后都称作对数了。

18世纪，瑞士数学家欧拉产生了"对数源于指数"的看法。这一观点是正确的，实际上对数和指数之间有着天然的联系：

设 a 是不等于1的正数，如果 $a^b = N$，那么反过来要表达 N 是 a 的多少次幂时，记作：

$b = \log_a N$。

这里，b 叫做以 a 为底 N 的对数。

英国数学家布里格斯认真研究过纳皮尔的对数，他发现如果选用以 10 为底数，那么任意一个十进数的对数，就等于该数的那个 10 的乘幂中的幂指数，将这种对数用于计算会带来更多的方便。1624 年，布里格斯出版了《对数算术》一书，制成了以 10 为底的对数表。这种以 10 为底的对数，叫做常用对数。记作：$\log_{10} N$。这里的底数 10 一般省略不写，即为：$\lg N$，它是常用对数符号。

对数符号引入后，在表达对数运算法则时，可以准确、简洁地表示出对数的运算规律：

$\log_a(M \cdot N) = \log_a M + \log_a N$；

$\log_a \dfrac{M}{N} = \log_a M - \log_a N$；

$\log_a M^n = n \log_a M$；

$\log_a \sqrt[n]{M} = \dfrac{1}{n} \log_a M$。

其中 $M>0$，$N>0$，a 是不等于 1 的正数。

17 世纪对数通过西方传教士引入我国。在 1772 年 6 月由康熙主持编纂的《数理精蕴》中亦列入"对数比例"一节，并称"以假数与真数对列成表，故名对数表"。真数，即现在所指的对数中的真数；假数，就是今天"对数"的别名。我国清代数学家戴煦研究对数很有成就，著成《求表捷术》一书。

传教士

传教士基本指的是坚定地信仰宗教，并且远行向不信仰宗教的人们传播宗教的修道者。虽然有些宗教，很少到处传播自己的信仰，但大部分宗教利用传教士来扩大它的影响。虽然任何宗教都可能送出传教士，但一般传教士这个词是指基督教的宣教师。

 延伸阅读

对数简史

对数是中学初等数学中的重要内容,那么当初是谁首创"对数"这种高级运算的呢?在数学史上,一般认为对数的发明者是16世纪末到17世纪初的苏格兰数学家——纳皮尔(Napier,1550~1617)男爵。

在纳皮尔所处的年代,哥白尼的"太阳中心说"刚刚开始流行,这导致天文学成为当时的热门学科。可是由于当时常量数学的局限性,天文学家们不得不花费很大的精力去计算那些繁杂的"天文数字",因此浪费了若干年甚至毕生的宝贵时间。纳皮尔也是当时的一位天文爱好者,为了简化计算,他多年潜心研究大数字的计算技术,终于独立发明了对数。

当然,纳皮尔所发明的对数,在形式上与现代数学中的对数理论并不完全一样。在纳皮尔那个时代,"指数"这个概念还尚未形成,因此纳皮尔并不是像现行代数课本中那样,通过指数来引出对数,而是通过研究直线运动得出对数概念的。

那么,当时纳皮尔所发明的对数运算,是怎么一回事呢?在那个时代,计算多位数之间的乘积,还是十分复杂的运算,因此纳皮尔首先发明了一种计算特殊多位数之间乘积的方法。让我们来看看下面这个例子:

0,1,2,3,4,5,6,7,8,9,10,11,12,13,14,……

1,2,4,8,16,32,64,128,256,512,1 024,2 048,4 096,8 192,1 6384……

这两行数字之间的关系是极为明确的:第一行表示2的指数,第二行表示2的对应幂。如果我们要计算第二行中两个数的乘积,可以通过第一行对应数字的和来实现。

比如,计算64×256的值,就可以先查询第一行的对应数字:64对应6,256对应8;然后再把第一行中的对应数字加和起来:6+8=14;第一行中的14,对应第二行中的16 384,所以有:64×256=16 384。

纳皮尔的这种计算方法,实际上已经完全是现代数学中"对数运算"的思想了。回忆一下,我们在中学学习"运用对数简化计算"的时候,采用的不正

是这种思路吗？计算两个复杂数的乘积，先查《常用对数表》，找到这两个复杂数的常用对数，再把这两个常用对数值相加，再通过《常用对数的反对数表》查出加和值的反对数值，就是原先那两个复杂数的乘积了。这种"化乘除为加减"，从而达到简化计算的思路，不正是对数运算的明显特征吗？

经过多年的探索，纳皮尔男爵于1614年出版了他的名著《奇妙的对数定律说明书》，向世人公布了他的这项发明，并且解释了这项发明的特点。

所以，纳皮尔是当之无愧的"对数缔造者"，理应在数学史上享有这份殊荣。伟大的导师恩格斯在他的著作《自然辩证法》中，曾经把笛卡儿的坐标、纳皮尔的对数、牛顿和莱布尼茨的微积分共同称为17世纪的三大数学发明。法国著名的数学家、天文学家拉普拉斯（Pierre Simon Laplace，1749～1827）曾说："对数，可以缩短计算时间，在实效上等于把天文学家的寿命延长了许多倍。"

数学名题

康托说:"在数学的领域中,提出问题的艺术比解答问题的艺术更为重要。"

历史数学名题体现和谐之美,和音乐、绘画、雕塑、建筑等艺术作品一样,是人类文化的瑰宝,不因国籍、种族、肤色、语言而异,人见人爱,津津乐道。它们代代相传,又琢磨提炼,跨洲越洋,交融传播,口碑载道。

哥德巴赫猜想、四色问题、丢番图谜语方程、七桥问题、斐波那契数列等等命题都是千古绝唱。有的名题已经被孜孜不倦的数学家所攻克,有的依然激励着后来的有志青年为之奋斗一生。可以说,这些数学命题都可以与在奥地利维也纳每年一度新年音乐会上、全世界亿万人谛听共赏的那曲《蓝色多瑙河》相互媲美,永恒不谢。

历史上的 24 道经典名题

1. 不说话的学术报告　1903 年 10 月,在美国纽约的一次数学学术会议上,请科尔教授作学术报告。他走到黑板前,没说话,用粉笔写出 $2^{67}-1$,这个数是合数而不是质数。接着他又写出两组数字,用竖式连乘,两种计算结果相同。回到座位上,全体会员以暴风雨般的掌声表示祝贺。证明了 2 自乘 67 次再减去 1,这个数是合数,而不是两百年一直被人怀疑的质数。有人问他论证这个问题,用了多长时间,他说:"三年内的全部星期天"。请你很快回答出他至少用了多少天?

2. 国王的重赏传说　印度的舍罕国王打算重赏国际象棋的发明人——大臣

西萨·班·达依尔。这位聪明的大臣跪在国王面前说："陛下，请你在这张棋盘的第一个小格内，赏给我一粒麦子，在第二个小格内给两粒，在第三个小格内给四粒，照这样下去，每一小格内都比前一小格加一倍。陛下啊，把这样摆满棋盘上所有64格的麦粒，都赏给您的仆人吧？"国王说："你的要求不高，会如愿以偿的。"说着，他下令把一袋麦子拿到宝座前，计算麦粒的工作开始了……还没到第二十小格，袋子已经空了，一袋又一袋的麦子被扛到国王面前来。但是，麦粒数一格接一格地增长得那样迅速，很快看出，即使拿出全印度的粮食，国王也兑现不了他对象棋发明人许下的诺言。算算看，国王应给象棋发明人多少粒麦子？

3. 王子的数学题　传说从前有一位王子，有一天，他把几位妹妹召集起来，出了一道数学题考她们。题目是：我有金、银两个首饰箱，箱内分别装有若干件首饰，如果把金箱中25%的首饰送给第一个算对这个题目的人，把银箱中20%的手饰送给第二个算对这个题目的人。然后我再从金箱中拿出5件送给第三个算对这个题目的人，再从银箱中拿出4件送给第四个算对这个题目的人，最后我的金箱中剩下的比分掉的多10件首饰，银箱中剩下的与分掉的比是2∶1，请问谁能算出我的金箱、银箱中原来各有多少件首饰？

4. 公主出题　古时候，传说捷克的公主柳布莎出过这样一道有趣的题："一只篮子中有若干李子，取它的一半又一个给第一个人，再取其余一半又一个给第二人，又取最后所余的一半又三个给第三个人，那么篮内的李子就没有剩余，篮中原有李子多少个"？

5. 哥德巴赫猜想　哥德巴赫是二百多年前德国的数学家。他发现：每一个大于或等于6的偶数，都可以写成两个素数的和（简称"1＋1"）。如：10＝3＋7，16＝5＋11等等。他检验了很多偶数，都表明这个结论是正确的。但他无法从理论上证明这个结论是对的。1748年他写信给当时很有名望的大数学家欧拉，请他指导，欧拉回信说，他相信这个结论是正确的，但也无法证明。因为没有从理论上得到证明，只是一种猜想，所以就把哥德巴赫提出的这个问题称为哥德巴赫猜想。世界上许多数学家为证明这个猜想作了很大的努力，他们由"1＋4"→"1＋3"到1966年我国数学家陈景润证明了"1＋2"。也就是任何一个充分大的偶数，都可表示成两个数的和，其中一个是素数，另一个或者是素数，或者是两个素数的积。你能把下面各偶数，写成两个素数的和吗？
(1) 100＝　　　　(2) 50＝　　　　(3) 20＝

6. 贝韦克的七个7　20世纪初，英国数学家贝韦克发现了一个特殊的除式问题，请你把这个特殊的除式填完整。

下列除式，是一个整除的算式。

除了能看见的七个7以外，"＊"是需要你填写上去的数字。

试试看。不算简单，但也不复杂。

```
            ＊ ＊ 7 ＊ ＊
         ───────────────────────
＊ ＊ ＊ 7 ＊ ＊ ) ＊ ＊ 7 ＊ ＊ ＊ ＊ ＊ ＊ ＊
＊ ＊ ＊ ＊ ＊ ＊
───────────────
    ＊ ＊ ＊ ＊ ＊ 7 ＊
    ＊ ＊ ＊ ＊ ＊ ＊ ＊
    ───────────────
        ＊ 7 ＊ ＊ ＊ ＊
        ＊ 7 ＊ ＊ ＊ ＊
        ───────────────
            ＊ ＊ ＊ ＊ ＊ ＊
            ＊ ＊ ＊ 7 ＊ ＊
            ───────────────
                ＊ ＊ ＊ ＊ ＊
                ＊ ＊ ＊ ＊ ＊
                ───────────
                          0
```

答案如下（这里以"＊"代表原题中的"7"，以便区别）：

```
            5 8 ＊ 8 1
         ───────────────────────
1 2 5 ＊ 4 3 ) 8 3 ＊ 5 4 2 8 4 1 3
7 2 7 3 6 5
───────────────
    1 1 0 1 7 ＊ 8
    1 0 0 3 7 8 4
    ───────────────
        9 ＊ 9 9 4 4
        8 ＊ 8 3 1 1
        ───────────────
            1 0 1 6 3 3 1
            1 0 0 3 ＊ 8 4
            ───────────────
                1 2 5 4 7 3
```

```
    1 2 5 4 7 3
  ─────────────
            0
```

7. **丢番图的墓志铭**　丢番图是公元3世纪的数学家,他的墓志铭上写道:"这里埋着丢番图,墓碑铭告诉你,他的生命的六分之一是幸福的童年,再活了十二分之一度过了愉快的青年时代,他结了婚,可是还不曾有孩子,这样又度过了一生的七分之一;再过五年他得了儿子;不幸儿子只活了父亲寿命的一半,比父亲早死四年,丢番图的寿命到底有多长"?

8. **遗嘱传说**　有一个古罗马人临死时,给怀孕的妻子写了一份遗嘱:生下来的如果是儿子,就把遗产的2/3给儿子,母亲拿1/3;生下来的如果是女儿,就把遗产的1/3给女儿,母亲拿2/3。结果这位妻子生了一男一女,怎样分配,才能接近遗嘱的要求呢?

9. **布哈斯卡尔的算术题**　公园里有甲、乙两种花,有一群蜜蜂飞来,在甲花上落下1/5,在乙花上落下1/3,如果落在两种花上的蜜蜂的差的三倍再落在花上,那么只剩下一只蜜蜂上下飞舞欣赏花香,算算这里聚集了多少蜜蜂?

10. **马塔尼茨基的算术题**　有一个雇主约定每年给工人12元钱和一件短衣,工人做工到7个月想要离去,只给了他5元钱和一件短衣。这件短衣值多少钱?

11. **托尔斯泰的算术题**　俄国伟大的作家托尔斯泰,曾出过这样一道题:一组割草人要把两块草地的草割完。大的一块比小的一块大一倍,上午全部人都在大的一块草地割草。下午一半人仍留在大草地上,到傍晚时把草割完。另一半人去割小草地的草,到傍晚还剩下一块,这一块由一个割草人再用一天时间刚好割完。问这组割草人共有多少人?(每个割草人的割草速度都相同)

12. **涡卡诺夫斯基的算术题(一)**　一只狗追赶一匹马,狗跳六次的时间,马只能跳5次,狗跳4次的距离和马跳7次的距离相同,马跑了5.5千米以后,狗开始在后面追赶,马跑多长的距离,才被狗追上?

13. **涡卡诺夫斯基的算术题(二)**　有人问船长,在他领导下的有多少人,他回答说:"2/5去站岗,2/7在工作,1/4在病院,27人在船上"。问在他领导下的共有多少人?

14. **数学家达兰倍尔错在哪里**　传说18世纪法国著名的数学家达兰倍尔拿两枚五分硬币往下扔,会出现几种情况呢?情况只有三种:可能两枚都是正面;可能一枚是正面,一枚是背面,也可能两枚都是背面。因此,两枚都出现正面的概率是1∶3。你想想,错在哪里?

15. 埃及金字塔　世界闻名的金字塔，是古代埃及国王们的坟墓，建筑雄伟高大，形状像个"金"字。它的底面是正方形，塔身的四面是倾斜着的等腰三角形。两千六百多年前，埃及有位国王，请来一位名子叫法列士的学者测量金字塔的高度。法列士选择一个晴朗的天气，组织测量队的人来到金字塔前。太阳光给每一个测量队的人和金字塔都投下了长长的影子。当法列士测出自己的影子等于它自己的身高时，便立即让助手测出金字塔的阴影长度。他根据塔的底边长度和塔的阴影长度，很快算出金字塔的高度。你会计算吗？

16. 一笔画问题　在18世纪的哥尼斯堡城里有七座桥。当时有很多人想要一次走遍七座桥，并且每座桥只能经过一次。这就是世界上很有名的哥尼斯堡七桥问题。你能一次走遍这七座桥，而又不重复吗？

17. 韩信点兵　传说汉朝大将韩信用一种特殊方法清点士兵的人数。他的方法是：让士兵先列成3列纵队（每行3人），再列成5列纵队（每行5人），最后列成7列纵队（每行7人）。他只要知道这队士兵大约的人数，就可以根据这3次列队排在最后一行的士兵是几个人，而推算出这队士兵的准确人数。如果韩信当时看到的3次列队，最后一行的士兵人数分别是2人、2人、4人，并知道这队士兵约在三四百人之间，你能很快推算出这队士兵的人数吗？

18. 共有多少个桃子　著名美籍物理学家李政道教授来华讲学时，访问了中国科技大学，会见了少年班的部分同学。在会见时，给少年班同学出了一道题："有5只猴子，分一堆桃子，可是怎么也平分不了。于是大家同意先去睡觉，明天再说。夜里一只猴子偷偷起来，把一个桃子扔到山下后，正好可以分成5份，它就把自己的一份藏起来，又睡觉去了。第二只猴子爬起来也扔了一个桃子，刚好分成5份，也把自己那一份收起来了。第三、第四、第五只猴子都是这样，扔了一个也刚好可以分成5份，也把自己那一份收起来了。问一共有多少个桃子？

19.《九章算术》里的问题　《九章算术》是我国最古老的数学著作之一，全书共分九章，有246个题目。其中一题是这样的：一个人用车装米，从甲地运往乙地，装米的车日行25千米，不装米的空车日行35千米，5日往返3次，问两地相距多少千米？

20.《张丘建算经》里的问题　《张丘建算经》是中国古代算书。书中有这样一题：公鸡每只值5元，母鸡每只值3元，小鸡每3只值1元。现在用100元钱买100只鸡。问这100只鸡中，公鸡、母鸡、小鸡各有多少只？

21.《算法统宗》里的问题 《算法统宗》是中国古代数学著作之一。书里有这样一题：甲牵一只肥羊走过来问牧羊人："你赶的这群羊大概有100只吧？"牧羊人答："如果这群羊加上一倍，再加上原来这群羊的一半，又加上原来这群羊的1/4，连你牵着的这只肥羊也算进去，才刚好凑满100只。"请你算算这个牧羊人赶的这群羊共有多少只？

22.洗碗（中国古题） 有一位妇女在河边洗碗，过路人问她为什么洗这么多碗？她回答说：家中来了很多客人，他们每两人合用一只饭碗，每三人合用一只汤碗，每四人合用一只菜碗，共用了六十五只碗。你能从她家的用碗情况，算出她家来了多少客人吗？

23.和尚吃馒头（中国古题） 大和尚每人吃4个，小和尚4人吃1个。有大、小和尚100人，共吃了100个馒头。大、小和尚各几人？各吃多少馒头？

24.百蛋（外国古题） 两个农民一共带了100只蛋到市场上去出卖。他们两人所卖得的钱是一样的。第一个人对第二个人说："假若我有像你这么多的蛋，我可以卖得15个克利采（一种货币名称）"。第二个人说："假若我有了你这些蛋，我只能卖得六又三分之二个克利采。"他们俩人各有多少只蛋？

国际象棋

国际象棋，又称欧洲象棋或西洋棋，是一种二人对弈的战略棋盘游戏。国际象棋的棋盘由64个黑白相间的格子组成。黑白棋子各16个，多用木或塑胶制成，也有用石块制作的；较为精美的石头、玻璃（水晶）或金属制棋子常用作装饰摆设。国际象棋是世界上最受欢迎的棋盘游戏之一，中国象棋、暗棋阁都与其玩法类似，数以亿计的人们以各种方式下国际象棋。

现代数学上的三大难题

一、有20棵树，每行4棵，古罗马、古希腊在16世纪就完成了16行的

排列，18世纪高斯猜想能排18行，19世纪美国劳埃德完成此猜想，20世纪末两位电子计算机高手完成20行记录，跨入21世纪还会有新突破吗？

二、相邻两国不同着一色，任一地图着色最少可用几色完成着色？五色已证出，四色至今仅美国阿佩尔和哈肯，罗列了很多图谱，通过电子计算机逐一完成，全面的逻辑的人工推理证明尚待有志者去完成。

三、任三人中可证必有两人同性，任六人中必有三人互相认识或互相不认识（认识用红线连，不认识用蓝线连，即六个点中两色线连必出现单色三角形）。近年来国际奥林匹克数学竞赛也围绕此类热点题型遴选后备攻坚力量（如17个科学家讨论三课题，两两讨论一个题，证至少三个科学家讨论同一题；18个点用两色连必出现单色四边形；两色连六个点必出现两个单色三角形，等等）。单色三角形研究中，尤以不出现单色三角形的极值图谱的研究更是难点中的难点，热门中的热门。

归纳为20棵树植树问题，四色绘地图问题，单色三角形问题。通称现代数学三大难题。

神奇的洛书

相传远在夏代，大禹治水时，从洛河里出来一只大乌龟，在龟的背上显出图案和数字，数字从1到9奇妙地排列。大禹根据龟背上的图像，发明了洛书，一直流传至今。

4	9	2
3	5	7
8	1	6

这个数图的奇妙处在于：横、竖、斜三个数的和都是15，实际上是个"三级幻方"。

当时正处在原始氏族社会，我们的祖先能做出这样的发明，十分令人震惊！难怪古人说它是神的启示。

经过后人的研究，它更令人惊奇的还多着呢！

在横三行中，每两个数组成一个两位数，三个数的和与它们的逆序数的和相等：

$49+35+81=18+53+94$ （$=165$）

$92+57+16=61+75+29$ （$=165$）

把被中间一行隔开的两个数组成三个两位数，它们仍具备这种性质：

$42+37+86=68+73+24$ （$=165$）

更为奇妙的是，将这个式的各个加数都平方，这种相等的性质仍不变。

$42^2+37^2+86^2=68^2+73^2+24^2$ （$=10\,529$）

这种等式如同文学作品中的回文，因而称做"回文等式"。

竖三行的数，若也依此组合，是否有此特征呢？事实证明同样如此！

$43+95+27=72+59+34$ （$=165$）

$38+51+76=67+15+83$ （$=165$）

被中间一列隔开的两数，组成后，同样性质不变：

$48+91+26=62+19+84$ （$=165$）

$48^2+91^2+26^2=62^2+19^2+84^2$ （$=11\,261$）

是不是很奇妙，然而，更奇妙的还在后边！

这一次，咱们只用四个角上的数组成四个两位数。其他数暂且不管它：

$48+86+62+24=42+26+68+84$ （$=220$）

仍是个回文等式。

将各个加数都平方。再试试：

$48^2+86^2+62^2+24^2=42^2+26^2+68^2+84^2$ （$=14\,120$）

还是个回文等式！

再将各个加数立方看看。

$48^3+86^3+62^3+24^3=42^3+26^3+68^3+84^3$ （$=998\,800$）

还是个回文等式！

这次，把四个角上的数弃之不用了，只用各边中间的数字组数：

$31+17+79+93=39+97+71+13$ （$=220$）

将加数平方：

$31^2+17^2+79^2+93^2=39^2+97^2+71^2+13^2$ （$=16\,140$）

将加数立方：

$31^3+17^3+79^3+93^3=39^3+97^3+71^3+13^3$ （$=1\,332\,100$）

依然是回文等式！

以 5 为中心横、竖、斜四个三位数的和也构成回文等式：

$951+357+258+654$

$=456+852+753+159$

$(=2\ 220)$

如果把各个加数都平方，它们的和仍相等：

$951^2+357^2+258^2+654^2$

$=456^2+852^2+753^2+159^2$

$(=1\ 526\ 130)$

只用横三行的三个三位数试试，看结果如何。

$492+357+816=618+753+294\ (=1\ 665)$

仍是回文等式！

把各个加数也都平方：

$492^2+357^2+816^2=618^2+753^2+294^2\ (=1\ 035\ 369)$

还是个回文等式！

竖三列的三个三位数，是否也有此特征呢？经验证，同样如此！

$438+951+276=672+159+834\ (=1\ 665)$

$438^2+951^2+276^2=672^2+159^2+834^2\ (=1\ 172\ 421)$

如果说，上面的一些式子使我们感到奇妙，那么下面的一些变化，将令人震惊：

我们来变化一下上面已组合成的式子，如：

$951^2+357^2+258^2+654^2=456^2+852^2+753^2+159^2$

$(=1\ 526\ 130)$

对这些数进行"宰割"、"腰斩"，即将每个数的任一个相同数位上的数字都"割去"，让剩下的数字组成数，请看：

1. 都割去百位数：

$51^2+57^2+58^2+54^2=56^2+52^2+53^2+59^2\ (=12\ 130)$

2. 都割去十位数：

$91^2+37^2+28^2+64^2=46^2+82^2+73^2+19^2\ (=14\ 530)$

3. 都割去个位数：

$95^2+35^2+25^2+65^2=45^2+85^2+75^2+15^2\ (=15\ 100)$

依然是回文等式！

大 禹

　　大禹，姒姓夏后氏，名文命，号禹，后世尊称大禹，夏后氏首领。传说为帝颛顼的曾孙，黄帝轩辕氏第六代玄孙。他的父亲名鲧，母亲为有莘氏女修己。相传禹治黄河水患有功，受舜禅让继帝位。禹是夏朝的第一位天子，因此后人也称他为夏禹。他是我国传说时代与尧、舜齐名的贤圣帝王，他最卓著的功绩，就是历来被传颂的治理滔天洪水，又划定中国国土为九州。

延伸阅读

1. 足球表面有几块皮子？

　　一个用黑白皮子缝制的足球，黑皮子是正五边形，白皮子是正六边形，每块黑皮子周边缝了5块白皮子。已知整个足球面上有12块黑皮子，求有几块白皮子。

解法如下：

解：每块黑皮子周边缝了5块白皮子，

白皮子共有（含有重复的）：60（块）

每块白皮子旁边都有3块黑皮子，所以被重复计算了3次，

白皮子共有：20（块）

因此，足球表面有黑白皮子共32块。

做完之后，我又想：若是给出有20块白皮子，求黑皮子的块数呢？解法如下：

解：每块白皮子周边缝了3块黑皮子，

黑皮子共有（含有重复的）：60（块）

每块黑皮子旁边都缝有5块白皮子，所以被重复计算了5次，

黑皮子共有：12（块）

因此，足球表面有黑皮子12块。

再往下想，若是问：共32块皮子，求黑白皮子各多少呢？解法如下：

解：设有黑皮子 x 块，则白皮子有（$32-x$）块。

每块黑皮子周边缝了5块白皮子，每块白皮子都被重复计算了3次，黑皮子共有：12（块）

白皮子数：$32-12=20$（块）

因此，足球表面有黑皮子12块，白皮子20块。

那么这道题，我们便弄清楚了。但也许有人会问：为什么一定是12块黑皮子，20块白皮子呢？这个问题问得好。为了证明这一点，我观察了许多足球发现所有的足球都由12块黑皮子，20块白皮子构成，只不过是大小不同罢了。因此，以得出一个结论：足球都由12块黑皮子，20块白皮子构成，多一块或少一块都不行。

2. 足球表面的奇怪现象

大家都学过，平面密铺图形的规律：再同一顶点处的各个角的度数和为360°，且各正多边形的边长相等。但在足球的表面上，每个顶点处有2个正六边形，1个正五边形就可以密铺了！可1个正六边形的内角是120°，1个正五边形的内角是108°，那么2个正六边形，1个正五边形的三个内角和应为$120°×2+108°=348°$，并未满360°，却可以密铺了，这又是为什么呢？这说明平面上的密铺和曲面上的密铺不同，它可能涉及一个更深奥的几何学。

百鸡问题

我国古代算书《张丘建算经》中有一道著名的百鸡问题：公鸡每只值5文钱，母鸡每只值3文钱，而3只小鸡值1文钱。现在用100文钱买100只鸡，问：这100只鸡中，公鸡、母鸡和小鸡各有多少只？

这个问题流传很广，解法很多，但从现代数学观点来看，实际上是一个求不定方程整数解的问题。解法如下：

设公鸡、母鸡、小鸡分别为 x、y、z 只，由题意得：

$$x+y+z=100 \qquad ①$$

$$5x+3y+\frac{1}{3}z=100 \qquad ②$$

②×3－①得：$7x+4y=100$，因此，解得：

$$\begin{cases} x=4 \\ x=8 \\ x=12 \end{cases} 或 \begin{cases} y=18 \\ y=11 \\ y=4 \end{cases} 或 \begin{cases} z=78 \\ z=81 \\ z=84 \end{cases}$$

有两个方程，三个未知量，称为不定方程组，有多种解。

由于 y 表示母鸡的只数，它一定是自然数，而 4 与 7 互质，因此 x 必须是 4 的倍数。我们把它写成：$x=4k$（k 是自然数），于是 $y=25-7k$，代入原方程组，可得：$z=75+3k$。把它们写在一起有：

$$y=\frac{100-7x}{4}=25-\frac{7}{4}x$$

一般情况下，当 k 取不同数值时，可得到 x、y、z 的许多组值。但针对本题的具体问题，由于 x、y、z 都是 100 以内的自然数，故 k 只能取 1、2、3 三个值，这样方程组只有以下三组解：

$$\begin{cases} x=4k \\ y=25-7k \\ z=75+3k \end{cases}$$

知识点

不定方程

不定方程是指未知数个数多于方程个数，且对解有一定限制（比如要求解为正整数等）的方程，是数论中最古老的分支之一。古希腊的丢番图早在公元 3 世纪就开始研究不定方程，因此常称不定方程为丢番图方程。

延伸阅读

鸡兔同笼

鸡兔同笼。今有鸡兔同笼，上有 35 个头，下有 94 只脚。鸡兔各几只？

假设把 35 只全看作鸡，每只鸡 2 只脚，共有 70 只脚。比已知的总脚数

94只少了24只，少的原因是把每只兔的脚少算了2只。看看24只里面少算了多少个2只，便可求出兔的只数，进而求出鸡的只数。

解：兔的只数：

$(94-2\times35)\div(4-2)$

$=(94-70)\div2$

$=24\div2$

$=12$（只）

鸡的只数：

$35-12=23$（只）

答：鸡有23只，兔有12只。

此题也可以假设35只全是兔，先求鸡的只数，再求兔的只数。

解决这样的问题，我国古人想出更特殊的假设方法。假设一声令下，笼子里的鸡都表演"金鸡独立"，兔子都表演"双腿拱月"。那么鸡和兔着地的脚数就是总脚数的一半，而头数仍是35。这时鸡着地的脚数与头数相等，每只兔着地的脚数比头数多1，那么鸡兔着地的脚数与总头数的差等于兔的头数。我国古代名著《孙子算经》对这种解法就有记载："上署头，下置足。半其足，以头除足，以足除头，即得。"具体解法：兔的只数是$94\div2-35=12$（只），鸡的只数是$35-12=23$（只）。

丢番图和谜语方程

丢番图（约246～330）是古希腊最杰出的数学家之一，他被人们誉为"古代数学的鼻祖"。

他写了不少数学著作，其中《算术》一书是关于代数的一部最早的论著。它独树一帜，完全避开了几何的形式。在这本书中，我们第一次看到了代数符号被系统的使用，看到了各种不定方程的巧妙解法。在数学史上，这部书的重要性可以和欧几里得的《几何原本》相媲美。

可是，这位被誉为代数学鼻祖的丢番图，他的生平事迹几乎一点儿也没有留下来，人们只是偶然地在他的墓志铭上知道了他的一些情况。有趣的是，他一生的大概情况却是用一道谜语式的代数方程写出来的：

"过路人！这儿埋着丢番图的骨灰。下面的数目可以告诉您他活了多少岁。

他生命的六分之一是幸福的童年。

再活十二分之一，颊上长出了细细的胡须。

又过了生命的七分之一他才结婚。

再过了五年他感到很幸福，得了一个儿子。

可是这孩子光辉灿烂的生命只有他父亲的一半。

儿子死后，老人在悲痛中活了四年，结束了尘世的生涯。

请问您，丢番图活了多少岁，多少岁结的婚，多少岁生孩子？"

朋友们，你能解答这个问题吗？解答后，请看看你做对了吗？

根据这段墓志铭可以列出方程：

$$\frac{x}{6}+\frac{x}{12}+\frac{x}{7}+5+\frac{x}{2}+4=x$$

解此方程，得出 $x=84$。即丢番图活了84岁，并且可以算出他33岁才结婚，38岁才得子。

知识点

墓志铭

墓志铭是一种悼念性的文体，更是人类历史悠久的文化表现形式。墓志铭一般由志和铭两部分组成。志多用散文撰写，叙述逝者的姓名、籍贯、生平事迹；铭则用韵文概括全篇，主要是对逝者一生的评价。但也有只有志或只有铭的。可以是自己生前写的，也可以是别人写的。墓志铭，是古代文体的一种，通常分为两部分：第一部分是序文，记叙死者世系、名字、爵位及生平事迹等称为"志"；后一部分是"铭"，多用韵文，表示对死者的悼念和赞颂。

延伸阅读

牛顿问题

英国大数学家牛顿曾编过这样一道数学题：牧场上有一片青草，每天都生长得一样快。这片青草供给10头牛吃，可以吃22天，或者供给16头牛吃，可以吃10天，如果供给25头牛吃，可以吃几天？

想：这片草地天天以同样的速度生长是分析问题的难点。把10头牛22天吃的总量与16头牛10天吃的总量相比较，得到$10\times22-16\times10=60$，是60头牛一天吃的草，平均分到（22-10）天里，便知是5头牛一天吃的草，也就是每天新长出的草。求出了这个条件，把25头牛分成两部分来研究，用5头吃掉新长出的草，用20头吃掉原有的草，即可求出25头牛吃的天数。

解：新长出的草供几头牛吃1天：

$(10\times22-16\times10)\div(22-10)$

$=(220-160)\div12$

$=60\div12$

$=5$（头）

这片草供25头牛吃的天数：

$(10-5)\times22\div(25-5)$

$=5\times22\div20$

$=5.5$（天）

莫比乌斯带

莫比乌斯带是一个奇妙的纸环，它是将一张狭长形的纸条的短边扭转180°后，将它的一端与另一端的反面粘合在一起，所形成的带状曲面。

这个简单而奇特的曲面是1865年由德国几何学家莫比乌斯及德国人里斯丁发现的。这种单侧曲面不止一种，莫比乌斯带最为著名。因为纸有正反两面，而这种带却没有正反之分。如果一只蚂蚁从一点出发，沿着这种带爬行，它可以不越边界，自由地从一个面爬到另一面。这就是说，一般曲面为双侧曲面，而莫比乌斯带是单侧曲面。更有趣的是，沿莫比乌斯带的中线把带剪开，并不会一分为二，而是成为一个大环，只是在接口处扭转了360°。如果再沿这个长的带中间剪开，就成为两个互相联串的纸环。

莫比乌斯带是拓扑学中的瑰宝之一。它在工程技术上得到了广泛的应用。我们现在用的电话无人自动回答器上的磁带用的就是莫比乌斯带，其磁带两面都可以录音，比长度相同的普通磁带信息存储量提高一倍。为了纪念莫比乌斯及里斯丁的贡献，在美国华盛顿的一座博物馆门口建造了一个 8 英尺高的不锈钢的莫比乌斯带，它日夜不停地缓缓旋转着，启迪着人类无尽的智慧。

知识点

磁　带

磁带是一种用于记录声音、图像、数字或其他信号的载有磁层的带状材料，是产量最大和用途最广的一种磁记录材料。通常是在塑料薄膜带基上涂覆一层颗粒状磁性材料或蒸发沉积上一层磁性氧化物或合金薄膜而成。最早曾使用纸和赛璐珞等做带基，现在主要用强度高、稳定性好和不易变形的聚酯薄膜。

延伸阅读

数学黑洞"西西弗斯串"

在古希腊神话中，科林斯国王西西弗斯被罚将一块巨石推到一座山上，但是无论他怎么努力，这块巨石总是在到达山顶之前不可避免地滚下来，于是他只好重新再推，永无休止。著名的"西西弗斯串"就是根据这个故事而得名的。

什么是"西西弗斯串"呢？也就是任取一个数，例如 35 962，数出这数中的偶数个数、奇数个数及所有数字的个数，就可得到 2（2 个偶数）、3（3 个奇数）、5（总共五位数），用这 3 个数组成下一个数字串 235。对 235 重复上述程序，就会得到 1、2、3，将数串 123 再重复进行，仍得 123。对这个程序和数的"宇宙"来说，123 就是一个数字黑洞。

是否每一个数最后都能得到 123 呢？用一个大数试试看。例如：88 883 337 777 444 992 222，在这个数中偶数、奇数及全部数字个数分别为 11、9、20，将这 3 个数合起来得到 11 920，对 11 920 这个数串重复这个程序得到 235，再重复这个程序得到 123，于是便进入"黑洞"了。

这就是数学黑洞"西西弗斯串"。

哥德巴赫猜想

两百多年前德国数学家、彼得堡科学院院士哥德巴赫（1690～1764），曾以大量的整数做试验，结果他发现：任何一个整数，总可以分解为不超过三个素数的和。但是，他不能给出严格的数学证明，甚至连证明该问题的思路也找不到。因此，1742年6月7日，他把这个猜想写信告诉了与他有15年交情、当时在数学界已享盛誉的朋友欧拉。信中说："我想冒险发表下列假定：大于5的任何整数，是三个素数之和。"欧拉经过分析和研究，在回信中说："我认为每一个大于或等于6的偶数都可以表示为两个奇素数之和"。欧拉又进一步将这个猜想归纳为以下两点：

哥德巴赫

（1）任何大于或等于6的偶数都可以表示为两个奇素数之和。

（2）每个不小于9的奇数都可以表示为三个奇素数之和。

我们可以利用一些具体的数字进行验算，明显地看到欧拉上述两个猜想的正确性，如

$6=3+3$　　　　$18=11+7$

$8=3+5$　　　　$20=13+7$

$10=5+5$　　　　……

$12=5+7$　　　　$48=29+19$

$14=7+7$　　　　……

$16=13+3$　　　$100=97+3$

以及

$9=3+3+3$

$11=3+3+5$

$13=3+3+7$

……

27＝3＋11＋13

……

103＝23＋37＋43

同时，欧拉的两个命题是有联系的。容易发现：第二个命题是第一个命题的直接推论，若第一个命题正确，就能非常简单地推出第二个命题是正确的。

因为，假设第一个命题正确，我们设奇数 $A \geqslant 9$，则

$$A-3 \geqslant 6$$

而且 $A-3$ 是偶数。

由第一个命题可知，必有两个奇素数 n_1、n_2，使得

$$A-3 = n_1 + n_2$$

所以 $A = 3 + n_1 + n_2$

因此，第二个命题是正确的。

由此可见，第一个命题的正确性被证明了，"哥德巴赫猜想"也就被彻底解决了。

后来，人们就把第一个命题简单地表示为"1＋1"，并且称为"哥德巴赫—欧拉猜想"。

哥德巴赫问题所以引起人们极大的关注并激励着不少人为解决这一难题而奋斗一生，其原因就在于：若解决这样的问题就必须引进新的方法，研究新的规律，从而可能获得新的成果，这样就会丰富我们对于整数论以及整数论与其他数学分支之间相互关系的认识，推动整个数学学科向前发展。

1900年著名德国数学家希尔伯特在国际数学会的演讲中，把哥德巴赫猜想看成是以往遗留的最重要的问题之一。1921年英国数学家哈代在哥本哈根召开的数学会上说过，哥德巴赫猜想的困难程度可以和任何没有解决的数学问题相比。两百多年来，这个难题吸引了世界许多著名的数学家，付出了艰苦的劳动。虽然这个问题至今还没解决，但是进展很大。19世纪数学家康托耐心地试验了从2～1 000之内所有偶数命题都对；数学家奥倍利又试验了从1 000到2 000以内所有偶数命题也是对的，即他们二人连续验证了，在2到2 000这个范围内，任何大于或等于6的偶数都可以表示为两个奇素数之和。

接着，又有数学家验证指出从4～9 000 000之内绝大多数偶数都是两个奇素数之和，后来更有人一直验算到了330 000 000之内，都表明哥德巴赫猜想

是正确的。上述一些数学家们虽然做了大量的工作，但都没有离开验算的轨道。

　　1923年有两位英国数学家在解决哥德巴赫问题上得到了新的进展，他们虽然没有解决这个难题，但是却使这个问题与高等数学中的解析因数论建立了联系。一方面为解决这个问题搭建了第一座桥，使解决哥德巴赫问题的途径从验证阶段踏上了解析证明的新征程；另一方面在两个不同的学科间发现了微妙的联系，从而会引伸出许多新的发现，为奠定新的理论打下基础。

　　我国对这个问题的研究也有很长的历史，并且也取得了不少研究成果，作出了很大贡献。

　　我国著名数学家华罗庚教授早在20世纪30年代就开始了这项研究工作，并取得了一定的研究成果。解放后在华罗庚、闵嗣鹤两位教授的指导下，我国一些年轻的数学家不断地改进筛法，对哥德巴赫猜想的研究，取得了一个又一个可喜的研究成果，轰动了国内外的数学界。其中数学家陈景润的成绩最为突出。这位1953年厦门大学毕业的我国青年数学家经过20年的刻苦钻研，在研究哥德巴赫问题上，有着惊人的毅力和顽强的精神。

　　1965年，苏联数学家维诺格拉道夫、布赫斯塔勃和朋比利又证明了：偶数＝(1＋3)。这个结果在当时已经是很了不起的成就了，然而，陈景润还是不畏劳苦地攀登着科学高峰。由于他精心地分析和科学地推算，不断地改进"筛法"，大大地推进了哥德巴赫问题的研究成果，取得了世界上领先的地位。1973年他终于证明：每一个充分大的偶数，都可以表示成一个素数及一个不超过两个素数乘积的和，即：

　　偶数＝"1＋2"

　　若把两个素数乘积变成一个素数即：

　　偶数＝"1＋1"

　　陈景润的成就在国内外引起了高度的重视。我国数学家华罗庚和闵嗣鹤都曾高度评价他的研究成果。英国数学家哈伯斯坦和西德数学家黎希特合著的《筛法》一书，原有十章，付印后又见到陈景润的"1＋2"的成果，感到这一成就意义重大，特为之添写了第十一章，标题叫做"陈氏定理"。

　　哥德巴赫猜想离彻底解决仅一步之差了，但是，这即将登上顶峰的最后一步，也是极端困难的一步，但我们相信，登上顶峰、走完这艰难的一步，早晚都会到来。

知识点

偶　数

整数中，能够被2整除的数，叫做偶数。所有整数不是奇数（又称单数），就是偶数（又称双数）。若某数是2的倍数，它就是偶数，可表示为 $2n$（n 为整数）；若非，它就是奇数，可表示为 $2n+1$（n 为整数），即奇数除以2的余数是1。

延伸阅读

惊人的计算

我国著名的数学家陈景润，在数学研究工作中，勤勤恳恳，埋头苦干，以惊人的意志，十几年如一日刻苦研究，终于证明了"1+2"，这在"哥德巴赫猜想"问题的研究上，是处于世界领先地位的。

外国数学家证明"1+3"用了大型的、高速的电子计算机。而陈景润证明"1+2"完全靠自己用手计算。有时为了求证一个大偶数的结果，常彻夜不眠不休。经过大量的计算，他终于写出了长达两百多页的证明"1+2"的论文。而发表时，只能以简报形式，在《科学通报》上宣布。

我国南北朝时代的杰出数学家祖冲之，求得了圆周率在 3.141 592 7 和 3.141 592 6 之间，并且提出了密率。密率这个分数值的发现，比欧洲人早了一千多年，得出圆周率 3.141 6，需要算到圆内接正 1 536 边形，得出 3.141 592 6＜π＜3.141 592 7，要算到圆内接正 24 576 边形。这个工作量是非常大的，至少要对9位数字反复进行130次以上加、减、乘、除、乘方和开方的运算，特别是开方更为麻烦，何况当时只能用叫做"算筹"的小竹棍去进行计算，祖冲之计算圆周率付出多少劳动，需要多大的细心、耐心和毅力就可想而知了。16世纪德国数学家卢道尔夫，几乎花费了毕生的精力，把圆周率算到了小数点后35位，他嘱咐他的孩子，在他死后，要把计算的圆周率，刻在他的墓碑上。天文学家、彼得堡科学院院士列奥纳尔得·埃列尔，在解决三体（太阳、地球、月亮）问题上，即在解决如何算出彼此吸引的三体中各个星球运动规律的问题方面，比别人有较大的进展，埃列尔用拉丁文写成了《月球说》一书。这本书被科学院院士克雷洛夫译成俄文时，却被迫只译出了其中最重要的论证。埃列尔的全部计算难以完全译出的原因，就是它们占用了幅面很大的 490 页。而这些计算是埃列尔花了四十年的时间得到的，电子计算机的发明和使用，将数学家们从烦琐的计算中解放了出来，现在用电子计算机，可以把圆周率的数值计算到九十万位。但是数学家那种把毕生精力献身于科学事业的精神和坚韧不拔的毅力，是永远值得我们学习的！

四色问题

有这样一个试验：给地图着色。在我国的地图上，给每个省、直辖市涂上一种颜色，要求相邻的省或直辖市有不同的颜色，最少需要几种颜色就足够了？答案是 4 种！再让我们来看看在世界地图上，用不同的颜色区分开相邻的国家，最少用几种颜色就足够了？答案还是 4 种。

给地图着色的实验，一百多年前就已经有人做过了。大约在 1850 年，英国伦敦大学的学生居特里偶然发现：要区分英国地图上的州，4 种颜色就够了。他把这个发现告诉了弟弟，两个人又进行了大量的这方面的实验，发现有些地图用 3 种颜色，有些地图用 4 种颜色，但最多用 4 种颜色就足以把共同边界的两个国家（或地区）区分开，即把相邻的国家涂上不同的颜色。居特里相信这个发现是正确的，但他证明不了。于是去请教他的老师，他的老师也不能证明这个问题。后来在 1878 年，当时英国的数学权威凯利在伦敦数学会上正式提出了这个问题。这个问题被称为四色问题。

四色问题被提出以后，吸引了许多人。不断有人声称自己已经解决了四色问题，但都被人找出了证明过程中的错误。四色问题的影响越来越大，更多的人热衷于这个问题，这期间有人证明了"五色定理"，即给地图着色，用 5 种颜色就可以把相邻的国家（或地区）区分开，但四色问题仍没有人能够解决。

著名的大数学家闵柯夫斯基在四色问题上还闹出过一个笑话呢。一次，闵柯夫斯基的学生跟闵柯夫斯基提及四色问题，一向谦谨的闵柯夫斯基却口出狂

言：四色问题没有解决，主要是没有第一流的数学家研究它。说着便在黑板上写了起来。他竟想在课堂上证明四色问题。下课铃响了，尽管黑板上写得密密麻麻，但还是没能解决问题。第二天上课的时候，正赶上狂风大作，雷电交加，闵柯夫斯基诙谐地说：老天也在惩罚我的狂妄自大，四色问题我解决不了。

从这以后，四色问题更出名了，成了数学上最著名的难题之一。由于问题本身的简单、易懂，使几乎每个知道这个问题的人都想解决它。并且一旦接触这个问题，就有点欲罢不能的感觉（当时有人称之为"四色病"），很多人为这个问题的解决献出了毕生的精力，这其中既有数学方面的专家，也有普通的数学爱好者。我国国内也有许多人为解决这个问题努力过，中国科学院数学研究所接到的声称自己已经解决了四色问题的文章，放在一起足有好几麻袋，可惜他们的证明都有错误。

到了20世纪70年代，四色问题的研究出现了转机。美国伊利诺斯大学的阿佩尔、哈肯等人在研究了前人各种证明方法和思想的基础上，认为现在数学家手里掌握的技巧，还不足以产生一个非计算机的证明。从1972年起，他们在前人研究的基础上，开始了计算机证明的研究工作。终于在1976年彻底解决了四色问题，整个证明过程在计算机上花费了1 200个小时。

四色问题虽然解决了，但数学家心中多少还留有一点儿遗憾。用电子计算机解决四色问题，没有创造出数学家们所期望的新方法和新思想。数学家还在期待着不借助任何工具，只依靠人本身智慧的"手工证明"。

知识点

地 图

地图是按照一定的法则，有选择地以二维或多维形式与手段在平面或球面上表示地球（或其他星球）若干现象的图形或图像，它具有严格的数学基础、符号系统、文字注记，并能用地图概括原则，科学地反映出自然和社会经济现象的分布特征及其相互关系。

药品混乱的问题

一家药店收到运来的某种药品十瓶。每瓶装药丸1 000粒。药剂师怀特先生刚把药瓶送上架子,一封电报接踵而来。怀特先生把电报念给药店经理布莱克小姐听。

怀特先生:"特急!所有药瓶须检查后方能出售。由于失误,其中有一瓶药丸每粒超重10毫克。请立即退回分量有误的那瓶药。"怀特先生很气恼。

怀特先生:"倒霉极了,我只好从每瓶中取出一粒来秤一下。真是胡闹。"

怀特先生刚要动手,布莱克小姐拦住了他。布莱克小姐:"等一下,没必要秤十次,只需秤一次就够了。"这怎么可能呢?

布莱克小姐的好主意是从第一瓶中取出1粒,从第二瓶中取出2粒,第三瓶中取出3粒,以此类推,直至从第十瓶中取出10粒。把这55粒药丸放在秤上,记下总质量。如果重5 510毫克,也就是超过规格10毫克,她当即明白其中只有一粒是超重的,并且是从第一瓶中取出的。

如果总质量超过规格20毫克,则其中有2粒超重,并且是从第二瓶中取出的,以此类推进行判断。所以布莱克小姐只要秤一次,不是吗?

六个月后,药店又收到此种药品十瓶。一封加急电报又接踵而至,指出发生了一个更糟糕的错误。

这一次,对超重药丸的瓶数无可奉告。怀特先生气恼极了。怀特先生:"布莱克小姐,怎么办?我们上次的方法不中用了。"布莱克小姐没有立即回答,她在思索这个问题。

布莱克小姐:"不错。但如果把那个方法改变一下,我们仍然只需秤一次就能把分量有误的药品识别出来。"这回布莱克小姐又有什么好主意?

在第一个秤药丸问题中,我们知道只有一瓶药丸超重。从每瓶中取出不同数目的药丸(最简单的方法就是采用计数序列),我们就可使一组数字和一组药瓶成为一一对应的关系。

为了解决第二个问题,我们必须用一个数字序列把每瓶药单独标上某个数字,且此序列中的每一个子集必须有一个单独的和。有没有这样的序列?有的，最简单的就是下列二重序列：1，2，4，8，16……这些数字是2的连续次幂，这一序列为二进制计数法奠定了基础。

在这个问题中，解法是把药瓶排成一行，从第一瓶中取出1粒，从第二瓶中取出2粒，从第三瓶中取出4粒，以此类推。取出的药丸放在秤上秤一下。假设总质量超重270毫克，由于每粒分量有误的药丸超重10毫克，所以我们把270除以10，得到27，即为超重药丸的粒数。把27化成二进制数：11011。在11011中自右向左，第一、二、四、五位上的"1"表示其权值分别为1，2，8，16。因此分量有误的药瓶是第一、二、四、五瓶。

在由2的幂组成的集合中，每个正整数是单一的不同组合中的元素之和。鉴于这一事实，二进制计数法极为有用。在计算机科学和大量应用数学领域中，二进制计数法是必不可少的。在趣味数学方面，同样也有难以计数的应用。

这里有一个简单的扑克魔术，可让你的朋友莫名其妙。这个扑克魔术也许看上去与药瓶问题毫无关系，但它们的依据是相同的，都是二进制原理。

请别人把一副牌洗过，然后放进你的口袋，再请人说出一个1～15以内的数字。然后你把手插进你的口袋里，一伸手就取出一组牌，其数值相加正好等于他所说的数字。

此秘密简单的很，在进行魔术之前，预先取出A，2，4，8各一张放入口袋。这副牌缺少区区四张，不大可能为人察觉。洗过的牌放入口袋后，暗中将其排置于原先已经放在口袋中的四张牌的后面。请别人说出一个数字，你用心算将此数表示成2的幂的和。如果是10，那你就应想到：8+2=10，随即伸手入袋，取出2和8的牌示众。

卜算卡片的依据也是二进制原理，准备六张卡片，分别记为A，B，C，D，E，F。然后将一些数字填写在卡片上，确定每张卡片上的数字集合的规则是这样的：在一个数的二进制表示中，若右起第一位是"1"，则此数字就在卡片A上。该卡片上的数字集合自1起始，全部数字就是1～63范围内所有的奇数；卡片B则包括1～63范围内的二进制记数法中右起第二位为"1"的全部数字；卡片C包括1～63范围内的二进制数法中右起第三位为"1"的全部数字；卡片D，E，F以此类推。注意：63这个数字的二进制计数法是"111111"，每一位都是"1"，因此每张卡片上都有这个数字。

这六张卡片可以用来确定1～63范围内的任意一个数字。请一位观众想好此范围内的一个数字（例如某个人的年龄），然后请他把所有上面有此数字的卡片都交给你。你随即说出他心中所想的那个数字。秘诀就是把每张卡片上 2 的幂的第一个数字相加。例如，如果把卡片 C 和 F 交给你，你只要将上面第一个数字 4 和 32 相加，便知道别人心中所想的数字是 36。

有时，魔术师为了使得这个魔术显得更加玄妙，故意把每张卡片涂上各种不同的颜色。他只需记住每种颜色所代表的 2 的幂。例如，红卡片代表 1，橙卡片代表 2，黄卡片代表 4，绿卡片代表 8，蓝卡片代表 16，紫卡片代表 32（可依据彩虹的诸色顺序）于是，魔术师站在大房间的一头，请人想好一个数字，并且把上面有此数字的卡片置于身旁，他即可根据那人身旁的卡片的颜色随口说出别人心中所想的数字。

七桥问题

东普鲁士首都哥尼斯堡（现名加里宁格勒），是 18 世纪时的一座著名的大学城。哥尼斯堡城位于布勒尔河两条支流之间，那里有七座桥连着一个岛和一个半岛，风景优美而别致。

由于人们经常从桥上走过，于是产生了一个有趣的想法：能不能一次走遍七座桥，并且每座桥只走过一次？也就是说，是否存在一条路线，沿着它能不重复地走遍这七座桥？

这个问题似乎不难，谁都乐意用它来测试一下自己的智力。可是，谁也没有找到一条这样的路线。连以博学著称的大学教授们，也感到一筹莫展。"七桥问题"难住了哥尼斯堡的所有居民。哥尼斯堡也因"七桥问题"而出了名。

哥尼斯堡七桥问题被传开后，引起了大数学家欧拉的兴趣。欧拉没有去过哥尼斯堡，这一次，他也没有去亲自测试可能的路线。他知道，如果沿着所有可能的路线都走一次的话，一共要走 5 040 次。就算是一天走一次，也需要 13 年多的时间，实际上，欧拉只用了几天的时间就解决了七桥问题。

剖析一下欧拉的解法是饶有趣味的。

第一步，欧拉把七桥问题抽象成一个合适的"数学模型"。他想：两岸的陆地与河中的小岛，都是桥梁的连接点，它们的大小、形状均与问题本身无关。因此，不防把它们看作是 4 个点。

7座桥是7条必须经过的路线，它们的长短、曲直，也与问题本身无关。因此，不妨任意画7条线来表示它们。

就这样，欧拉将七桥问题抽象成了一个"一笔画"问题。怎样不重复地通过7座桥，变成了怎样不重复地一笔画出一个几何图形的问题。

原先，人们是要求找出一条不重复的路线，欧拉想，成千上万的人都失败了，这样的路线也许是根本不存在的。如果根本不存在，硬要去寻找它岂不是白费力气。于是，欧拉接下来着手判断：这种不重复的路线究竟存在不存在？由于这么改变了一下提问的角度，欧拉抓住了问题的实质。

最后，欧拉认真考察了一笔画图形的结构特征。

欧拉发现，凡是能用一笔画成的图形，都有这样一个特点：每当你用笔画一条线进入中间的一个点时，你还必须画一条线离开这个点，否则，整个图形就不可能用一笔画出。也就是说，单独考察图中的任何一个点（除起点和终点外），它都应该与偶数条线相连；如果起点与终点重合，那么。这个点也应该与偶数条线相连。

在七桥问题的几何图中，A、B、C三点分别与3条线相连，D点与5条线相连。连线都是奇数条。因此，欧拉断定：一笔画出这个图形是不可能的。也就是说，不重复地通过7座桥的路线是根本不存在的！

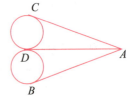

七桥问题是一个几何问题，然而，它却是一个在以前的几何学里没有研究过的几何问题。在以前的几何学里，不论怎样移动图形，它的大小和形状都是不变的；而欧拉在解决七桥问题时，把陆地变成了点，桥梁变成了线，而且线段的长短曲直，交点的准确方位、面积、体积等概念，都变得没有意义了。不妨把七桥画成别的什么类似的形状，照样可以得出与欧拉一样的结论。

很清楚，图中什么都可以变，唯独点线之间的相关位置，或相互连接的情况不能变。欧拉认为对这类问题的研究，属于一门新的几何学分支，他称之为"位置几何学"。但人们把它通俗地叫做"橡皮几何学"。后来，这门数学分支被正式命名为"拓扑学"。

陆　地

陆地是指地球表面未被海水淹没的部分。包括大陆和岛屿。总面积1.489亿平方千米，占地球表面积的29.2%。面积广大的陆地称大陆，全球有亚欧大陆、非洲大陆、北美洲大陆、南美洲大陆、澳大利亚大陆和南极洲大陆六块，总面积为1.391亿平方千米，约占陆地总面积的93%；四周被海水包围的小块陆地称岛屿，总面积为980万平方千米，约占陆地总面积的7%。陆地大部分分布于北半球，岛屿多分布于大陆的东岸。陆地表面起伏不平，有山脉、高原、平原、盆地等。

延伸阅读

老木工的算理

一天，阿宁注意到一位老木工在用卷尺量一个木桶的底，量得周长为5尺，紧接着老木工就一口报出底面半径约等于8寸。这件事很令阿宁吃惊。

阿宁先用公式 $C=2\pi r$ 检验老木工的计算结果：

$$r=\frac{C}{2\pi}\approx 7.957\ 7 \text{ 寸} \approx 8 \text{ 寸}$$

你可以想象出阿宁的计算有多么吃力，而老木工的快速计算又是多么方便。

原来，老木工的计算方法是这样的：五尺变五寸，五六得三十寸（即5寸×0.6寸=3寸），共八寸。

如果圆周长为3尺，阿宁采用老木工的算法是：三尺变三寸（尺变寸），三六一寸八（加六成），共得3+1.8=4.8（寸）。

检验：$r=\frac{C}{2\pi}\approx \frac{30 \text{ 寸}}{2\times 3.141\ 6}\approx 4.774\ 6 \text{ 寸}$

你能解说这种算法的算理吗？

学过"列代数式"的阿宁对"尺变寸，加六成"的算法做了如下解释：

设圆周长为C，半径为r，用代数式来表示这种算法是 $r\approx\frac{C}{10}+0.6\left(\frac{C}{10}\right)$

$=\dfrac{16C}{100}$，或 $C=\dfrac{100}{16}r=6.25r=3.125(2r)$。

可见，老木工是认定的 π≈3.125，尽管有误差，但算法简便，很实用。

斐波那契数列

中世纪最有才华的数学家斐波那契（1175～1250）出生在意大利比萨市的一个商人家庭。因父亲在阿尔及利亚经商，因此，幼年在阿尔及利亚学习，学到不少尚未流传到欧洲的阿拉伯数学。成年以后，他继承父业经商，走遍了埃及、希腊、叙利亚、印度、法国和意大利的西西里岛。

斐波那契是一位很有才能的人，并且特别擅长于数学研究。他发现当时阿拉伯数学要比欧洲大陆发达，因此有利于推动欧洲数学的发展。他在其他国家和地区经商的同时，特别注意搜集当地的算术、代数和几何的资料。

回国后，便将这些资料加以研究和整理，编成《算经》。《算经》的出版，使他成为一个闻名欧洲的数学家。继《算经》之后，他又完成了《几何实习》（1220 年）和《四艺经》（1225 年）两部著作。

《算经》在当时的影响是相当巨大的。这是一部由阿拉伯文和希腊文的材料编译成拉丁文的数学著作，当时被认为是欧洲人写的一部伟大的数学著作，在两个多世纪中一直被奉为经典著作。

在当时的欧洲，虽然多少知道一些阿拉伯计数法和印度算法，但仅仅局限在修道院内，一般的人还只是用罗马数学计数法而尽量避免用"零"。斐波那契的《算经》，介绍了阿拉伯计数法和印度人对整数、分数、平方根、立方根的运算方法，这部著作在欧洲大陆产生了极大的影响，并且改变了当时数学的面貌。他在这本书的序言中写道："我把自己的一些方法和欧几里得几何学中的某些微妙的技巧加到印度的方法中去，于是决定写现在这本 15 章的书，使拉丁族人对这些东西不会那么生疏。"

在斐波那契的《算经》中，记载着大量的代数问题及其解答，对于各种解法都进行了严格的证明。下面是书中记载的一个有趣的问题：有个人想知道一年之内一对兔子能繁殖多少对兔子？于是就筑了一道围墙把一对兔子关在里面。已知一对兔子每个月可以生一对小兔子，而一对兔子出生后在第二个月就开始生小兔子。假如一年内没有发生死亡现象，那么，一对兔子一年内能繁殖多少对兔子？

现在我们先来找出兔子的繁殖规律，在第一个月，有一对成年兔子，第二个月它们生下一对小兔子，因此有两对兔子，一对成年，一对未成年；到第三个月，第一对兔子生下一对小兔子，第二对已成年，因此有三对兔子，两对成年，一对未成年。月月如此。

第一个月到第六个月兔子的对数是：

1，2，3，5，8，13。

我们不难发现，上面这组数有这样一个规律：即从第三个数起，每一个数都是前面两个数的和。若继续按这个规律写下去，一直写到第十二个数，就得：

1，2，3，5，8，13，21，34，55，89，144，233。

显然，第十二个数就是一年内兔子的总对数。所以一年内 1 对兔子能繁殖 233 对兔子。

在解决这个有趣的代数问题过程中，斐波那契得到了一个数列。人们为纪念他的这一发现，在这个数列前面增加一项"1"后得到数列：

1，1，2，3，5，8，13，21，34，55，89……

这个数列叫做"斐波那契数列"，这个数列的任意一项都叫做"斐波那契数"。这个数列可以由下面递推关系来确定：

$$\begin{cases} a_1 = a_2 = 1 \\ a_{n+2} = a_n + a_{n+1} (n \geq 3) \end{cases}$$

另外，我们还可以利用等比数列的性质，推导出斐波那契数列的一个外观比较漂亮的通项公式：

$$a_n = \frac{1}{\sqrt{5}} \left[\left(\frac{1+\sqrt{5}}{2} \right)^n - \left(\frac{1-\sqrt{5}}{2} \right)^n \right]$$

在美国《科学美国人》杂志上曾刊登过一则有趣的故事：世界著名的魔术师兰迪先生有一块边长是 13 分米的正方形地毯，他想把它改成 8 分米宽、21 分米长的地毯。他拿着这块地毯去找地毯匠奥马尔，并对他说："我的朋友，我想请您把这块地毯分成四块，然后再把它们缝在一起，成为一块 8 分米×21 分米的地毯。"奥马尔听了以后说道："很遗憾，兰迪先生。您是一位伟大的魔术师，但您的算术怎么这样差呢！13×13＝169，而 8×21＝168，这怎么办得到呢？"兰迪说："亲爱的奥马尔，伟大的兰迪是从来不会错的，请您把这块地毯裁成这样的四块。"

然而奥马尔照他所说的裁成四块后，兰迪先生便把这四块重新摆好，再让奥马尔把它们缝在一起，这样就得到了一块 8 分米×21 分米的地毯。

奥马尔始终想不通："这怎么可能呢？地毯面积由 169 平方分米缩小到 168 平方分米，那一平方分米到哪里去了呢？"

将四个小块拼成长方形时，在对角线中段附近发现了微小的重叠。正是沿着对角线的这点叠合，而导致了丢失一个单位的面积。

涉及四个长度数 5，8，13，21 都是斐波那契数，并且 $13^2=8×21+1$，$8^2=5×13-1$。多做几次上述的试验，就可以发现斐波那契数列的一个有趣而重要的性质：

$$a_n^2 = a_{n-1} \cdot a_{n+1} \pm 1 \quad (n \geq 2)$$

斐波那契数列在实际生活中有非常广泛且有趣的应用。除了动物繁殖外，植物的生长也与斐波那契数有关。数学家泽林斯基在一次国际性的数学会议上提出树生长的问题：如果一棵树苗在一年以后长出一条新枝，然后休息一年。再在下一年又长出一条新枝，并且每一条树枝都按照这个规律长出新枝。那么，第一年它只有主干，第二年有两枝，第三年就有 3 枝，然后是 5 枝、8 枝、13 枝等等，每年的分枝数正好是斐波那契数。

生物学中所谓的"鲁德维格定律"，也就是斐波那契数列在植物学中的应用。

从古希腊直到现在，都认为在造型艺术中有美学价值，在现代优选法中有重要应用的"黄金分制"，实际和斐波那契数列密切相关。

现在广泛应用的优选法，也和斐波那契数有着密切地联系。

知识点

拉丁语

拉丁语原本是意大利中部拉提姆地区的方言，后来则因为发源于此地的罗马帝国势力扩张而将拉丁语广泛流传于帝国境内，并定拉丁文为官方语言。而基督教普遍流传于欧洲后，拉丁语更加深其影响力，从欧洲中世纪至 20 世纪初叶的罗马天主教一直作为公用语，学术上的论文也大多数由拉丁语写成。现在虽然只有梵蒂冈尚在使用拉丁语，但是一些学术的词汇或文章，例如生物分类法的命名规则等尚在使用拉丁语。

托尔斯泰问题

俄国大文学家托尔斯泰对数学很感兴趣,曾经编过这样一道题:一组割草人要把两块草地的草割掉,大的一块草地比小的一块大一倍。全体组员用半天时间割大的一块,下午他们便对半分开,一半组员仍留在大块草地上,到傍晚时把草割完了。另外一半组员到小草地上割草,到傍晚时还剩下一块,这块由一个割草人又用了一天时间才割完。假若每人割草的进度都相同,这组割草人共有多少人?

如图,把大块草地面积看作单位"1",则小块草地面积就是$\frac{1}{2}$。

解:$(1+\frac{1}{3}) \div (\frac{1}{2}-\frac{1}{3})$

$= 1\frac{1}{3} \div \frac{1}{6}$

$= 8$(人)

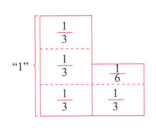

全体组员割了一上午,一半组员割了一下午,把大块地割完,可推出一半组员半天割大块草地的$\frac{1}{3}$。一半组员在小草地上割了半天,剩下的是$\frac{1}{2}-\frac{1}{3}=\frac{1}{6}$,正好是一人一天的工作量。知道了总工作量和每个人的工作量,便容易求出全组人数。

答:这组割草人共有 8 人。

三等分角问题

只准用直尺和圆规,你能将一个任意的角两等分吗?这是一个很简单的几何作图题。几千年前,数学家们就已掌握了它的作图方法。

在纸上任意画一个角，以这个角的顶点 O 为圆心，任意选一个长度为半径画弧，找出这段弧与两条边的交点 A、B。

然后，分别以 A 点和 B 点为圆心，以同一个半径画弧，只要选用的半径比 A、B 之间的距离的一半还大些，这两段弧就会相交。找出这两段弧的交点 C。

最后，用直尺将 O 点与 C 点连接起来。不难验证，直线 OC 已经将这个任意角分成了相等的两部分。

显然，采用同样的方法，是不难将一个任意角四等分、八等分或者 16 等分的；只要有耐心，将一个任意角 512 等分或者 1024 等分，也都不会是一件太难的事情。

那么，只准用直尺与圆规，能不能将一个任意角三等分呢？

这个题目看上去也很容易，似乎与二等分角问题差不多。所以，在两千多年前，当古希腊人见到这个题目时，有不少人甚至不假思索地拿起了直尺与圆规……

一天过去了，一年过去了，人们磨秃了无数支笔，始终也画不出一个符合题意的图形来！

由二等分到三等分，难道仅仅由于这么一点小小的变化，一道平淡无奇的几何作图题，就变成了一座高深莫测的数学迷宫？

这个题目吸引了许多数学家。公元前 3 世纪时，古希腊最伟大的数学家阿基米德，也曾拿起直尺与圆规，用这个题目测试过自己的智力。

阿基米德想出了一个办法。他预先在直尺上记一点 P，令直尺的一个端点为 C。对于任意画的一角，他以这个角的顶点 O 为圆心，以 CP 的长度为半径画半个圆，使这半个圆与角的两条边相交于 A、B 两点。

然后，阿基米德移动直尺，使 C 点在 AO 的延长线上移动，使 P 点在圆周上移动。当直尺正好通过 B 点时停止移动，将 C、P、B 三点连接起来。

接下来，阿基米德将直尺沿直线 CPB 平行移动，使 C 点正好移动到 O 点，作直线 OD。

可以检验，角 AOD 正好是原来的角 AOB 的 $\frac{1}{3}$。也就是说，阿基米德已经将一个任意角分成了三等分。

但是，人们不承认阿基米德解决了三等分角问题。

为什么不承认呢？理由很简单：阿基米德预先在直尺上做了一个记号 P，

使直尺实际上具备有刻度的功能。这是一个不能容许的"犯规"动作。因为古希腊人规定：在尺规作图法中，直尺上不能有任何刻度，而且直尺与圆规都只准许使用有限次。

阿基米德失败了。但他的解法表明，仅仅在直尺上做一个记号，马上就可以走出这座数学迷宫，数学家们想：能不能先不在直尺上做记号，而在实际作图的过程中，逐步把这个点给找出来呢？

古希腊数学家全都失败了。两千多年来，这个问题激励了一代又一代的数学家，成为一个举世闻名的数学难题。笛卡儿、牛顿等许许多多最优秀的数学家，也都曾拿起直尺圆规，用这个难题测试过自己的智力……

一次又一次的失败，使得后来的人们变得审慎起来。渐渐地，人们心中生发出一个巨大问号：三等分一个任意角，是不是一定能用直尺与圆规作出来呢？如果这个题目根本无法由尺规作出，硬要用直尺与圆规去尝试，岂不是白费气力？

以后，数学家们开始了新的探索。因为，谁要是能从理论上予以证明：三等分任意角是无法由尺规作出的，那么，他也就解决了这个著名的数学难题。

1837年，数学家们终于赢得了胜利。法国数学家闻脱兹尔宣布：只准许使用直尺与圆规，想三等分一个任意角是根本不可能的！

这样，他率先走出了这座困惑了无数人的数学迷宫，了结了这桩长达两千多年的数学悬案。

知识点

圆 规

圆规在数学和制图里，是用来绘制圆或弧的工具，常用于尺规作图。圆规由笔头、转轴、圆规支腿、格尺、折叶、笔体、笔尖、圆规尖、小耳构成，它的笔头的下端插入连接在笔体的上端，笔体的下端螺纹连接在笔尖的上端，小耳的平齐端焊接在圆规支腿的外侧中间，圆规支腿的下端夹紧连接在圆规尖的上端。

> 延伸阅读

等分圆周

人们在研究规尺作图三大难题中，还发现了许多类似的难题。求等圆周的线段的问题，就是一个与化圆为方密切相关的难题。此外，流传很广的是等分圆周问题，它是和三等分角相仿的难题。这个问题又叫做按规尺作图，作圆内接正多边形问题，或者叫做正多边形作图问题。

古希腊人按规尺作图法，作出了正三角形、正方形、正五边形、正六边形，以及边数为它们 $2n$ 倍（n 为正整数）的正多边形。他们还想继续作出其他的正多边形，可是正七边形就作不出来。于是，什么样的正多边形能作得出来，就成了一个作图难题。因为这个问题与三等分角问题的性质相同，关系密切，所以人们常常把它们放在一块研究。类似地，还有许多作图难题也不断地涌现出来，比如五等分、七等分任意角问题。

在漫长的年代里，难以数计的人参加到研究这些问题的行列，可是谁也提不出解决的办法。慢慢地，人们开始产生了这样一个问题：有些作图难题之所以难，是不是按规尺作图方法，本来就办不到，而不是有可能办到，只不过人们还没有找到证明的方法呢？这个想法，不是哪一个聪明人的头脑里一开始就有的。它是在一代人接一代人，延续研究了两千多年，总是找不到解决的方法之后，有些人才产生了"异心"！

他们想：圆规和直尺不过是一种工具，世界上本来就没有什么事情都能干的万能工具。特别是规尺作图法，实际上是对规尺的使用作了种种禁令，限制它们的作用，所以有些图可以作出来，有些就可能作不出来。

数学是一门非常精确的科学。数学问题是不能根据想象或者看法就能作出结论的，它必须有严格的证明。假设有些图形是规尺作图法不能作出来的，那么，标准是什么？界限在哪里？也就成为一个难题了。

这些难题，直到解析几何出现以后，人们学会了应用代数的方法来研究几何问题，才找到了解决问题的途径。

数学人物

社会的进步离不开人类的辛勤劳动,而数学的发展前进更离不开从古至今许许多多数学家所作出的努力。正是有了数学史上足以标榜千古的数学巨匠探索钻研,人类才得以在数学科学上取得如此多的成就。

我们学习了解一些数学家的故事,以及数学史,很有好处。通过感人的数学家的历史事例,以及一些数学史上的重大事件,有助于了解数学的发生和发展,了解历史上中外杰出的数学家的生平和数学成就;有助于感受前辈大师严谨治学、锲而不舍的探索精神;有助于培养兴趣、开阔视野、开拓创新,更深刻地体会数学对人类文明发展的作用。

■■ 刘徽与"割圆术"

刘徽生于公元250年左右,三国后期魏国人,是我国古代杰出的数学家,也是中国古典数学理论的奠基者之一。他在世界数学史上,也占有重要的地位。他的著作《九章算术注》和《海岛算经》,是我国和世界最宝贵的数学遗产。

《九章算术》约成书于东汉之初,共有246个问题的解法。在许多方面,如解联立方程,分数四则运算,正负数运算,几何图形的体积、面积计算等,都属于世界先进之列,但因解法比较原始,缺乏必要的证明,而刘徽则对此均作了补充证明。在这些证明中,显示了他在多方面的创造性的贡献。他是世界上最早提出十进小数概念的人,并用十进小数来表示无理数的立方根;在代数方面,他正确地提出了正负数的概念及其加减运算的法则;改进了线性方程组的解法；在几何方面，提出了"割圆术"，即将圆周用内接或外切正多边形穷竭的一种求圆面积和圆周长的方法。他利用割圆术科学地求出了圆周率 $\pi = 3.14$ 的结果。刘徽在割圆术中提出的"割之弥细，所失弥少，割之又割以至于不可割，则与圆合体而无所失矣"，这可视为我国古代极限观念的佳作。

《海岛算经》一书中，刘徽精心选编了9个测量问题，这些题目的创造性、复杂性和富有代表性，都在当时为西方所瞩目。

刘徽思想敏捷，方法灵活，既提倡推理又主张直观，他是我国最早明确主张用逻辑推理的方式来论证数学命题的人。

刘徽的一生是为数学刻苦探求的一生。他虽然地位低下，但人格高尚。他不是沽名钓誉的庸人，而是学而不厌的伟人，他给我们中华民族留下了宝贵的财富。

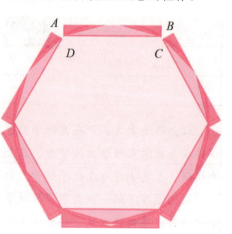

"割圆术"思想示意图

正多边形

各边相等，各角也相等的多边形叫做正多边形（多边形：边数大于等于3）。正多边形的外接圆的圆心叫做正多边形的中心。中心与正多边形顶点连线的长度叫做半径。中心与边的距离叫做边心距。正多边形的对称轴——奇数边：连接一个顶点和顶点所对的边的中点，即为对称轴；偶数边：连接相对的两个边的中点，或者连接相对称的两个顶点，都是对称轴。正 n 边形边数与对称轴的条数相等。

延伸阅读

我国古代数学著作

《张丘建算经》

张丘建：《张丘建算经》

《张丘建算经》三卷，据钱宝琮考，约成书于公元 466～485 年间，张丘建，北魏时清河（今山东临清一带）人，生平不详。最小公倍数的应用、等差数列各元素互求以及"百鸡术"等是其主要成就。"百鸡术"是世界著名的不定方程问题。13 世纪意大利斐波那契《算经》、15 世纪阿拉伯阿尔·卡西《算术之钥》等著作中均出现有相同的问题。

《四元玉鉴》

朱世杰（1300 年前后），字汉卿，号松庭，寓居燕山（今北京附近），"以数学名家周游湖海二十余年"，"踵门而学者云集"。朱世杰数学代表作有《算学启蒙》（1299 年）和《四元玉鉴》（1303 年）。《算学启蒙》是一部通俗数学名著，曾流传海外，影响了朝鲜、日本数学的发展。《四元玉鉴》则是中国宋元数学高峰的又一个标志，其中最杰出的数学创作有"四元术"（多元高次方程列式与消元解法）、"垛积法"（高阶等差数列求和）与"招差术"（高次内插法）。

《黄帝九章算经细草》

贾宪：《黄帝九章算经细草》

中国古典数学在宋元时期达到了高峰，这一发展的序幕是"贾宪三角"（二项展开系数表）的发现及与之密切相关的高次开方法（"增乘开方法"）的创立。贾宪，北宋人，约于 1050 年左右完成《黄帝九章算经细草》，原书佚失，但其主要内容被杨辉（约 13 世纪中叶）著作所抄录，因能传世。杨辉《详解九章算法》（1261 年）载有"开方作法本源"图，注明"贾宪用此术"。这就是著名的"贾宪三角"，或称"杨辉三角"。《详解九章算法》同时录有贾宪进行高次幂开方的"增乘开方法"。

贾宪三角在西方文献中称"帕斯卡三角"，1654 年为法国数学家 B·帕斯卡重新发现。

《数书九章》

秦九韶：《数书九章》

秦九韶（约1202~1261），字道吉，四川安岳人，先后在湖北、安徽、江苏、浙江等地做官，1261年左右被贬至梅州（今广东梅县），不久死于任所。秦九韶与李冶、杨辉、朱世杰并称宋元数学四大家。他早年在杭州"访习于太史，又尝从隐君子受数学"，1247年写成著名的《数书九章》。《数书九章》全书共18卷，81题，分九大类（大衍、天时、田域、测望、赋役、钱谷、营建、军旅、市易）。其最重要的数学成就——"大衍总数术"（一次同余组解法）与"正负开方术"（高次方程数值解法），使这部宋代算经在中世纪世界数学史上占有突出的地位。

《测圆海镜》

李冶：《测圆海镜》——"开元术"

随着高次方程数值求解技术的发展，列方程的方法也相应产生，这就是所谓"开元术"。在传世的宋元数学著作中，首先系统阐述开元术的是李冶的《测圆海镜》。

李冶（1192~1279）原名李治，号敬斋，金代真定栾城人，曾任钧州（今河南禹县）知事，1232年钧州被蒙古军所破，遂隐居治学，被元世祖忽必烈聘为翰林学士，仅一年，便辞官回家。1248年撰成《测圆海镜》，其主要目的就是说明用"开元术"列方程的方法。"开元术"与现代代数中的列方程法相类似，"立天元一为某某"，相当于"设x为某某"，可以说是符号代数的尝试。李冶还有另一部数学著作《益古演段》（1259年），也是讲解"开元术"的。

《九章重差图》

刘徽：《九章重差图》

263年左右，刘徽发现当圆内接正多边形的边数无限增加时，多边形的面积则可无限逼近圆面积，即所谓"割之弥细，所失弥少，割之又割，以至于不可割，则与圆周合体而无所失矣"。刘徽采用了以直代曲、无限趋近、"内外夹逼"的思想，创立了"割圆术"。

《重差》原为《九章算术注》的第十卷，即后来的《海岛算经》，内容是测量目标物的高和远的计算方法。"重差法"是测量数学中的重要方法。

祖冲之与圆周率

祖冲之（429～500）是我国杰出的数学家、科学家。南北朝时期人，汉族人，字文远。生于宋文帝元嘉六年，卒于齐昏侯永元二年。祖籍范阳郡遒县（今河北涞水县）。其主要贡献在数学、天文历法和机械三方面。在数学方面，他写了《缀术》一书，被收入在著名的《算经十书》中，作为唐代国子监算学课本，可惜后来失传了。祖冲之还和儿子祖暅一起圆满地利用"牟合方盖"解决了球体积的计算问题，得到正确的球体积公式。在机械学方面，他设计制造过水碓磨、铜制机件传动的指南车、千里船、定时器等等。此外，对音乐也有所研究。他是历史上少有的博学多才的人物。

祖冲之

祖冲之在数学上的杰出成就，是关于圆周率的计算。秦汉以前，人们以"径一周三"作为圆周率，这就是"古率"。后来发现古率误差太大，圆周率应是"圆径一而周三有余"，不过究竟余多少，意见不一，直到三国时期，数学家刘徽提出了计算圆周率的科学方法——"割圆术"，才算统一了意见。祖冲之在前人成就的基础上，经过刻苦钻研，反复演算，求出 π 在 3.141 592 6 与 3.141 592 7 之间。并得出了 π 分数形式的近似值，取 22/7 为约率，取 355/113 为密率，其中 355/113 取六位小数是 3.141 592，它是分子分母在 16 604 以内最接近 π 值的分数。祖冲之究竟用什么方法得出这一结果，现在无从考证。若设想他按刘徽的"割圆术"方法去求的话，就要计算到圆内接 12 288 边形，可想而知，这需要花费多长时间和付出多么巨大的劳动！由此可见他在治学上的顽强毅力和聪敏才智是令人钦佩的。祖冲之计算得出的密率，外国数学家获得同样结果，已是一千多年以后的事了。

祖冲之博览当时的名家经典，坚持实事求是，他从亲自测量计算的大量资料中对比分析，发现过去历法的严重误差，并勇于改进，在他 33 岁时成功编制了《大明历》，开辟了历法史的新纪元。

祖冲之还与他的儿子祖暅一起，用巧妙的方法解决了球体体积的计算。他们当时采用的一条原理是："幂势既同，则积不容异"。意为位于两平行平面之间的两个立体，被任一平行于这两平面的平面所截，如果两个截面的面积恒相等，则这两个立体的体积相等。这一原理，在西方被称为卡瓦列利原理，但这是在祖氏以后一千多年才由卡氏发现的。为了纪念祖氏父子发现这一原理的重大贡献，大家也称这个原理为"祖暅原理"。

指南车

指南车是古代一种指示方向的车辆，也作为帝王的仪仗车辆。指南车起源很早，历代曾几度重制，但均未留下资料。直至宋代才有完整的资料。它利用齿轮传动系统和离合装置来指示方向。在特定条件下，车子转向时木人手臂仍指南。指南车的自动离合装置显示了古代机械技术的卓越成就。

延伸阅读

祖冲之创制的机械

指南车是一种用来指示方向的车子。车中装有机械，车上装有木人。车子开行之前，先把木人的手指向南方，不论车子怎样转弯，木人的手始终指指向南方不变。这种车子的构造方法已经失传，但是根据文献记载，可以知道它是利用齿轮互相带动的结构制成的。相传远古时代黄帝对蚩尤作战，曾经使用过指南车来辨别方向，但这不过是一种传说。根据历史文献记载，三国时代的发明家马钧曾经制造过这种指南车，可惜后来失传了。公元417年东晋大将刘裕（也就是后来宋朝的开国皇帝）进军至长安时，曾获得后秦统治者姚兴的一辆旧指南车，车子里面的机械已经散失，车子行走时，只能由人来转动木人的手，使它指向南方。后来齐高帝萧道成就令祖冲之仿制。祖冲之所制指南车的内部机件全是铜的。制成后,萧道成就派大臣王僧虔、刘休两人去试验,结果证明它的构造精巧,运转灵活,无论怎样转弯,木人的手总是指向南方。

当祖冲之制成指南车的时候,北朝有一个名叫索驭驎的人来到南朝,自称也会制造指南车。于是萧道成也让他制成一辆,在皇宫里的乐游苑和祖冲之所制造的指南车比赛。结果祖冲之所制的指南车运转自如,索驭驎所制的却很不灵活。索驭驎只得认输,并把自己制的指南车毁掉了。祖冲之制造的指南车,我们虽然已无法看到原物,但是由这件事可以想象,它的构造一定是很精巧的。

祖冲之也制造了很有用的劳动工具。他看到劳动人民舂米、磨粉很费力,就创造了一种粮食加工工具,叫做水碓磨。古代劳动人民很早就发明了利用水力舂米的水碓和磨粉的水磨。西晋初年,杜预曾经加以改进,发明了"连机碓"和"水转连磨"。一个连机碓能带动好几个石杵一起一落地舂米,一个水转连磨能带动8个磨同时磨粉。祖冲之又在这个基础上进一步加以改进,把水碓和水磨结合起来,生产效率就更加提高了。这种加工工具,现在我国南方有些农村还在使用着。

祖冲之还设计制造过一种千里船。它可能是利用轮子击水前进的原理造成的,一天能行一百多里。

祖冲之还根据春秋时代文献的记载,制了一个"欹器",送给齐武帝的第二个儿子萧子良。欹器是古人用来警诫自满的器具。器内没有水的时候,是侧向一边的。里面盛水以后,如果水量适中,它就竖立起来;如果水满了,它又会倒向一边,把水泼出去。这种器具,晋朝的学者杜预曾试制三次,都没有成功;祖冲之却仿制成功了。由此可见,祖冲之对各种机械都有深入的研究。

华罗庚简介

1910年11月12日,华罗庚出生在江苏省南部一个叫金坛的小县城。

华罗庚小时候聪明好学,又很懂事,年龄不大就帮母亲缠纱线换钱维持生活。他小学毕业后,进了家乡的金坛中学读书。这时,他就对数学产生了极大的兴趣,多才博学的王维克老师发现了华罗庚的数学天分,于是,就精心培养他,鼓励他勇敢攀登数学的高峰,这对于华罗庚后来的成长起了很大的作用。

1925年华罗庚在金坛中学毕业后,进了上海中华职业学校,为的是能谋求个会计之类的职业以养家糊口。可是由于交不起学费，没有毕业就失学了。回家后，一面帮助父亲在"乾生泰"这个只有一间小门面的杂货店里干活、记账，一面继续钻研数学。

华罗庚整天沉醉在数学王国里，顾客要买东西，喊他听不见，问他答非所问，顾客买此他却拿彼，诸如此类的事情多了，人们嘲笑他是"呆子"，父亲也要把他的"天书"烧掉。不知情的人哪里知道他的"天书"是多么来之不易——有的是他千方百计借来的，有的是他辛辛苦苦抄来的，如果被父亲付之一炬，就等于烧了他的心啊！所以，华罗庚把书东掖西藏，只有趁父亲不在时，才敢把书拿到桌面上看。无论春夏秋冬，他每

数学家华罗庚

天晚上看书写字到深夜。碰到一时解不出来的难题，他从不泄气，经过一天、两天，甚至十天半月的冥思苦想，终于理清了头绪，每到这时，他喜不自禁。就是这样，他用5年时间自学了高中三年和大学初年级的全部数学课程，为未来独立研究数论，打下了坚实的、牢固的基础。

1930年，华罗庚的第一篇论文《苏家驹之代数的五次方程式解法不能成立的理由》，在上海《科学》杂志上发表了。

在清华大学担任数学系主任的熊庆来教授，看到华罗庚这篇文章后，高兴地说："这个年轻人真不简单，快请他到清华来！"这一年，华罗庚只有19岁。

1931年夏天，华罗庚到了清华大学，在数学系当助理员。白天，他领文献，收发信件，通知开会，还兼管图书、打字，保管考卷，忙得不可开交。

晚上，他一头扎进图书馆，在数学文献的浩瀚海洋里涉珍猎宝，一天只睡四五个小时。

他以惊人的毅力，只用了一年半时间，就攻下了数学专业的全部课程，还自学了英文、德文和法文。他以敏捷的才思，用英文写了三篇数学论文，寄到国外，全部被发表。

不久，清华大学的教授会召开特别会议，通过一项决议：破格让华罗庚这个初中毕业生做助教，给大学生们讲授微积分，这在清华大学是史无前例的。

1936年夏天，他在学校推荐下，由中华文化教育基金委员会保送到英国剑桥大学留学。在英国，他参加了一个有名的数论学家小组，对哥德巴赫问题进行了深入的研究，他的研究成果十分显著，并得出了著名的华氏定理。

在剑桥大学的两年中，他写了18篇论文，先后发表在英、苏、印度、法、德等国的杂志上。按其成就，已经超越了博士生的要求，但因他在剑桥大学未能正式入学，因而未得到博士学位。

1941年，华罗庚完成了他的第一部著作《堆垒素数论》的手稿。其中有些论证，现在还被认为是经典佳作。

1950年3月16日，华罗庚到达北京，回到清华大学担任教授，历任中国科学院数学研究所、应用数学研究所所长，中国科学技术大学副校长，中国科学院副院长等职务。他为中国的数学科学研究事业作出了重大的贡献。他在典型域方面的研究中所引入的度量，被称为"华罗庚度量"。1957年1月，他以《多复变函数典型域上的调和分析》的论文获中国科学院自然科学一等奖。1957年，他的60万字的《数论导引》出版，在国际上引起了很大的反响。国际性的数学杂志《数学评论》高度评价说："这是一本有价值的、重要的教科书，有点像哈代与拉伊特的《数论导引》，但在范围上已超过了它。"

华罗庚的工作非常繁忙，他从不放过一点儿空隙时间去思考问题，在上班的途中或是讲课、开会之前的十几分钟里，也不例外。因此，他的研究硕果累累，据不完全统计，数十年里，华罗庚共写了152篇数学论文，9部专著，11本科普著作。

1981年的一个春日，德国普林格出版公司出版了《华罗庚选集》。

在国际数学界，数学家能够出版选集的屈指可数。而外国出版社为中国数学家出版选集的，华罗庚是第一位。

剑桥大学

剑桥大学成立于1209年，最早是由一批为躲避殴斗而从牛津大学逃离出来的老师建立的。亨利三世国王在1231年授予剑桥教学垄断权。剑桥大

学和牛津大学齐名为英国的两所最优秀的大学，被合称为"Oxbridge"，是世界十大名校之一，88位诺贝尔奖得主出自此校。在2011年的美国新闻与世界报道和高等教育研究机构QS联合发布的USNEWS—QS世界大学排名中，位列全球第一位。

年龄漫谈

1978年初，我国前科学院院长郭沫若因病住北京医院诊治。数学家华罗庚前去探望，两人谈起寿称问题。华罗庚向郭沫若询问，古人对高寿人常给予美称，如花甲、古稀等等。但如果年龄未到整数，比如七十七岁，八十八岁，九十九岁，怎么称呼呢？郭沫若回答道：

"解决这个问题，就要求助于数学和文字学了。"

郭沫若接着说：

"有人把七十七岁称为'喜寿'，八十八岁称为'米寿'，九十九岁称为'白寿'。原来这是三个字谜。喜字，草写，是由七十七三个字组成的；米字是由八十八三个字组成的；白字是百字缺一，正好九十九。"

华罗庚听了郭沫若的一番解释，拊掌笑道：

"人说郭老博学多闻，此言果然不虚。"

毛泽东主席晚年常念叨一句俗谚：

"七十三、八十四，阎王不叫自己去。"

有人说七十三岁是孔子去世的年龄，八十四岁是孟子去世的年龄，因而七十三、八十四是不祥之数。这样的说法当然是迷信。不过，不能把上述这种谚语看成是一种迷信。因为它是人们从千百年来生活实践中总结出来的，反映了一定的人体生物规律，应该从人体生理病理学的角度加以研究。查一查人口档案，可以发现在七十三岁、八十四岁前后去世的人数，确实要比七十至八十、八十至九十这两个年段中其他年龄去世的人数要多，这两个"关卡"是值得进一步去研究的。

有一种研究的成果认为，生命的节律是以七、八的倍数呈现的，逢到这样

的年头，人体总会有些消极变化，而这种变化愈老持续的时间愈长。按照这样的理论，七十三岁，实足年龄正好是七十二岁，而

72＝8×9

八十五岁，实足年龄为八十四岁，而

84＝7×12

这里均出现了8或7，正在"关卡"之上。中国历来有更年期的说法，即女子为"七七四十九"岁，男子为"八八六十四"岁，已成为民间传统的生理常识。而49、64分别是7和8的倍数。这些说法虽不能说确实可靠，但可供参考。

陈景润的爱国情怀

陈景润是我国现代数学家。1933年5月22日生于福建省福州市。1953年毕业于厦门大学数学系。由于他对塔里问题的一个结果作了改进，受到华罗庚的重视，被调到中国科学院数学研究所工作，先任实习研究员，助理研究员，再越级提升为研究员，并当选为中国科学院数学物理学部委员。

数学家陈景润

陈景润是世界著名解析数论学家之一，他在20世纪50年代即对高斯圆内格点问题、球内格点问题、塔里问题与华林问题的以往结果，作出了重要改进。20世纪60年代后，他又对筛法及其有关重要问题，进行了广泛深入的研究。1966年他证明了"每个大偶数都是一个素数及一个不超过两个素数的乘积之和"，使他在哥德巴赫猜想的研究上居世界领先地位。这一结果国际上称为"陈氏定理"，受到广泛征引。这项工作还使他与王元、

潘承洞在1978年共同获得中国自然科学奖一等奖。陈景润共发表学术论文70余篇。

陈景润是国际知名的大数学家，深受人们的敬重。但他并没有产生骄傲自满情绪，而是把功劳都归于祖国和人民。为了维护祖国的利益，他不惜牺牲个人的名利。

1977年的一天，陈景润收到一封国外来信，是国际数学家联合会主席写给他的，邀请他出席国际数学家大会。这次大会有3 000人参加，参加的都是世界上著名的数学家。大会共指定了10位数学家作学术报告，陈景润就是其中之一。这对一位数学家而言，是极大的荣誉，对提高陈景润在国际上的知名度大有好处。

陈景润没有擅作主张，而是立即向研究所党支部作了汇报，请求党的指示。党支部把这一情况又上报到科学院。科学院的党组织对这个问题比较慎重，因为当时中国在国际数学家联合会的席位，一直被台湾占据着。

院领导回答道："你是数学家，党组织尊重你个人的意见，你可以自己给他回信。"

陈景润经过慎重考虑，最后决定放弃这次难得的机会。他在答复国际数学家联合会主席的信中写到："第一，我们国家历来是重视跟世界各国发展学术交流与友好关系的，我个人非常感谢国际数学家联合会主席的邀请。第二，世界上只有一个中国，唯一能代表中国广大人民利益的是中华人民共和国，台湾是中华人民共和国不可分割的一部分。因为目前台湾占据着我国在国际数学家联合会的席位，所以我不能出席。第三，如果中国只有一个代表的话，我是可以考虑参加这次会议的。"为了维护祖国母亲的尊严，陈景润牺牲了个人的利益。

1979年，陈景润应美国普林斯顿高级研究所的邀请，去美国做短期的研究访问工作。普林斯顿研究所的条件非常好，陈景润为了充分利用这样好的条件，挤出一切可以节省的时间，拼命工作，连中午饭也不回住处去吃。有时候外出参加会议，旅馆里比较嘈杂，他便躲进卫生间里，继续进行研究工作。正因为他的刻苦努力，在美国短短的五个月里，除了开会、讲学之外，他完成了论文《算术级数中的最小素数》，一下子把最小素数从原来的80推进到16。这一研究成果，也是当时世界上最先进的。

在美国这样物质比较发达的国度，陈景润依旧保持着在国内时的节俭作风。他每个月从研究所可获得2 000美元的报酬,可以说是比较丰厚的了。每天中午,他从不去研究所的餐厅就餐,那里比较讲究,他完全可以享受一下的,但他都是吃自己带去的干粮和水果。他是如此的节俭,以至于在美国生活五个月,除去房租、水电花去1 800美元外,伙食费等仅花了700美元。等他回国时,共节余了7 500美元。

这笔钱在当时不是个小数目,他完全可以像其他人一样,从国外买回些高档家电。但他把这笔钱全部上交给国家。他是怎么想的呢?用他自己的话说:"我们的国家还不富裕,我不能只想着自己享乐。"

陈景润就是这样一个非常谦虚、正直的人,尽管他已功成名就,然而他没有骄傲自满。他说:"在科学的道路上,我只是翻过了一个小山包,真正的高峰还没有攀上去,还要继续努力。"

学术论文

学术论文是某一学术课题在实验性、理论性或预测性上具有的新的科学研究成果或创新见解和知识的科学记录,或是某种已知原理应用于实际上取得新进展的科学总结,用以提供学术会议上宣读、交流、讨论或学术刊物上发表,或用作其他用途的书面文件。按写作目的,可将学术论文分为交流性论文和考核性论文。

陈景润小故事

陈景润出生在贫苦的家庭,母亲生下他时就没有奶汁,靠向邻居借熬米汤活过来。到了快上学的年龄,因为当邮局小职员的父亲的工资太少,供大哥上学,母亲还要背着不满2岁的小妹妹下地干活挣钱。这样,平日照看3岁小弟弟的担子就落在小景润的肩上。白天,他带着小弟弟坐在小板凳上,数手指头玩；晚上，哥哥放了学，就求哥哥给他讲算术。稍大一点儿，挤出帮母亲下地干活的空隙，忙着练习写字和演算。母亲见他学习心切，就把他送进了城关小学。别看他长得瘦小，可十分用功，成绩很好，因而引起有钱人家子弟的嫉妒，对他拳打脚踢。他打不过那些人，就流着泪回家要求退学，妈妈抚摸着他的伤处说："孩子，只怨我们没本事，家里穷才受人欺负。你要好好学，争口气，长大有出息，那时他们就不敢欺负咱们了！"小景润擦干眼泪，又去做功课了。此后，他再也没流过泪，把身心所受的痛苦，化为学习的动力，成绩一直拔尖，终于以全校第一名的成绩考入了三元县立初级中学。在初中，他受到两位老师的特殊关注：一位是年近花甲的语文老师，原是位教授，他目睹日本人横行霸道，国民党却节节退让，感到痛心疾首，只可惜自己年老了，就把希望寄托于下一代身上。他看到陈景润勤奋刻苦，年少有为，就经常把他叫到身边，讲述中国5000年的文明史，激励他好好读书，肩负起拯救祖国的重任。老师常常说得满眼催泪，陈景润也含泪表示，长大以后，一定报效祖国！另一位是不满30岁的数学教师，毕业于清华大学数学系，知识非常渊博。陈景润最感兴趣的是数学课，一本课本，只用两个星期就学完了。老师觉得这个学生不一般，就分外下力气，多给他讲，并进一步激发他的爱国热情，说："一个国家，一个民族，要想强大，自然科学不发达是万万不行的，而数学又是自然科学的基础"。从此，陈景润就更加热爱数学了。一直到初中毕业，都保持了数学成绩全优的记录。

新中国成立后，陈景润考入福州英华书院读高中。在这里，他有幸遇见使他终生难忘的沈元老师。沈老师曾任清华大学航空系主任，当时是陈景润的班主任兼教数学、英语。沈老师学问渊博，循循善诱，同学们都喜欢听他讲课。有一次，沈老师出了一道有趣的古典数学题："韩信点兵"。大家都闷头算起来，陈景润很快小声地回答："53人"。全班被他算得速度之快惊呆了，沈老师望着这个平素不爱说话、衣衫褴褛的学生，问他是怎么得出来的？陈景润的脸羞红了，说不出话，最后是用笔在黑板上写出了方法。沈老师高兴地说："陈景润算得很好，只是不敢讲，我帮他讲吧！"沈老师讲完，又介绍了中国古代对数学的贡献，说祖冲之对圆周率的研究成果早于西欧1000年，南宋秦九韶对"联合一次方程式"的解法，也比瑞士数学家欧拉的解法早500多年。沈老师接着鼓励说："我们不能停步，希望你们将来能创造出更大的奇迹，比如有个'哥德巴赫猜想'，是数论中至今未解的难题，人们把它比作皇冠上的明

珠，你们要把它摘下来！"课后，沈老师问陈景润有什么想法。陈景润说："我能行吗？"沈老师说："你既然能自己解出'韩信点兵'，将来就能摘取那颗明珠。天下无难事，只怕有心人啊！"那一夜，陈景润失眠了，他立誓：长大无论成败如何，都要不惜一切地去努力！

大数学家列昂哈德·欧拉

列昂哈德·欧拉是18世纪数学界的中心人物。他在几何、微积分、力学、天文学、数论，甚至在生物学等方面都有着重要的建树。

欧拉降生在一个乡村牧师的家庭，也因此，他才能在邻居同年龄孩子羡慕和妒忌的目光下，进入那座令人瞩目、神往的学校。对于老欧拉来说，这是理所当然的，凭着自己的家传祖教，凭着小欧拉的聪明伶俐，儿子将来肯定是一名出类拔萃的教门后起之秀，或许能进入罗马教廷去供职呢。每当想起儿子的锦绣前程，以及因此而来的荣誉，老欧拉总是乐不可支。

自从欧拉在课堂上汲取了许多高远深奥的学问之后，对自然界的了解就更加充满信心，但与此同时又对一些问题疑惑不解，如：天上的星星有多少颗？他百思不得其解，只好求教于父亲和老师。老欧拉对这类稀奇古怪的问题瞠目结舌，无言以答；老师也只是温和地摸着小欧拉的头，漫不经心地说："这是无关紧要的。我们只需知道，天空上的星星都是上帝亲手镶上去的。"这真的无关紧要吗？既然上帝亲手制作了星星，为什么记不住它们的数目呢？小欧拉开始对信仰上帝的绝对权威产生了动摇的念头，他不止一次地问道：上帝到底在哪里？他果真无时不在、无所不能吗？

神学院里出了"叛逆"的学生，这还了得？小欧拉由于整天在思考这些问题，因而听课不专心，考试答非所问。终于有一天，老欧拉被叫到神学院，领回了被学校开除的儿子。

不满10岁的小欧拉对神学本来就不感兴趣，因此，他对于被神学院除名这件事丝毫不感到伤心，反而更加轻松活跃。从此，他可以无拘无束地思考他感兴趣的问题了。

小欧拉立志要数清天上的星星。为此，他开始学习数学。一踏入这块领域，小欧拉不禁呆住了：天地之中无所不寓的数学，正像风光迷人的山水景

色,何等引人入胜啊!小欧拉抱着厚厚的数学书籍,写呀,算呀,读得是那样的津津有味。

父亲对儿子在神学院的表现有些伤心,但当他看到小欧拉是那样的无忧无虑,又痴迷于数学时,也只有听之任之了。

老欧拉在传教布道之余,还要放牧羊群以贴补家用。这天,为扩大羊圈,父子俩正在丈量土地:小欧拉拉住测绳的一端,父亲拉直测绳后从另一端读出数值,根据量得的长度计算场地面积和所用的篱笆材料。父亲刚把四根转角桩打入地下,小欧拉的"报告"也出来了:"羊圈长40尺、宽15尺,面积600平方尺,需用110尺篱笆材料"。"可我们只有100尺材料啊!按长40尺,宽10尺计算,只得400平方尺的羊圈,怎么办?"父亲给儿子出了一个难题。

"如果把这四根木桩适当地挪一挪位置,也许用同样多的篱笆,还能使羊圈面积扩大。但什么情况下面积最大呢?"小欧拉启动脑筋,为自己的家庭解决问题。

次日天刚亮,小欧拉摇晃醒了睡梦中的父亲:"只要把羊圈的长、宽都定为25尺,那么,用100尺材料就可围成625平方尺的羊圈了"。这虽然是一个简单的数学问题,但小欧拉才十几岁。这消息不胫而走,也传进当地数学名流伯努利的耳朵里。

伯努利的惜才、爱才是著名的。这次,他专门来到欧拉家中。小欧拉放下手中的书本,双眼盯着这位德高望重的教授,质询似地问道:

"您知道天上的星星有多少颗吗?"

伯努利第一次经历这种面对面的"挑战"场面,他呆住了,问道:"那么,你知道了?"

小欧拉摇摇头,同时对这位不做正面回答的教授投去失望的目光。

"你还知道些什么呢?"教授又问道。

"我知道:6可分解成1,2,3,6,把1,2,3加起来等于6;28可分解成1,2,4,7,14,28,把1,2,4,7,14加起来等于28。是不是还有类似的数呢?"小欧拉比比划划,十分活跃。显然,他希望对方给予满意的解答。

这是"完全数",一个古老的数学之谜,迄今尚无人知晓其全部奥秘。

一个小孩子能提出这种有分量的问题,使得这位蜚声全欧的教授满心欢喜。于是,在教授的极力推荐下,这位被神学院开除的学生、年方13岁的小欧拉,终于跨进了巴塞尔大学的校门。

数学人物

在巴塞尔大学，欧拉涉猎了数学的大部分领域。老师们很快地发现，课堂上讲授的内容和进度远远不能满足欧拉的需求。伯努利听说后，更是惊喜万分，他当即决定从自己有限的宝贵时间中专门挤出一部分时间为欧拉辅导，于是便有了极不平常的"欧拉学习日"。伯努利以其丰富的阅历和对数学发展状况的深刻了解，给了欧拉重要的指导，使年轻的欧拉很快地进入前沿领域。欧拉从此走上了献身数学的道路。

欧拉卒于1783年。纵观其一生的研究历程，我们会发现，他虽然没有像笛卡儿、牛顿那样为数学开辟撼人心灵的新分支，但"没有一个人像他那样多产，像他那样巧妙地把握数学；也没有人能收集和利用代数、几何、分析的手段去产生那么多令人钦佩的结果"。欧拉为数学谱写了一首首精彩的诗篇！

欧拉关于微积分方面的论述构成了18世纪微积分的主要内容。他澄清了函数的概念及对各种新函数的认识，对全体初等函数连同它们的微分、积分进行了系统的研究和分类，标志着微积分从几何学的束缚中彻底解放，从此成为一种形式化的函数理论；给出了多元函数的定义及偏导数的运算性质，研究了二阶混合偏导数相等、用累次积分计算二重积分等问题，初步建立起多元函数的微积分理论；考察了微积分的严密性，使微积分脱离几何而建立在代数的基础上；还有无穷级数的专门研究等。正如伯努利所言，是欧拉将微积分"带大成人"。

欧拉在微分方程、变分法方面也有出色的成就。欧拉深入考虑了在常微分方程中占有重要地位的方程及一般常系数线性微分方程的求解方法，开创了这类方程的现代解法，极大地丰富了诞生不久的微分方程理论；欧拉研究了微分方程的幂级数解法，从而解决了一大批不能用通常积分求解的微分方程；欧拉导出了一维、二维和三维的波动方程，并对平面波、柱面波和球面波等各类偏微分方程的解作了分类和研究；欧拉在变分法方面的成果，也标志了变分法作为一个新的数学分支的诞生，为日后的发展奠定了重要的基础。

在数论研究方面，欧拉的工作也具有举足轻重的地位。在费马开辟的道路上，欧拉几乎走完了它的全程，其中最富有首创精神、并能引出最多成果的发现要数二次互反律了。欧拉对二次互反律进行了深入的探讨并作出清楚的叙述，这已成为近代数论的重要内容。

欧拉在初等数学领域也花费了不少心血。《无穷小分析引论》是数学史上第一本沟通微积分与初等数学的杰作，被看作现代意义下的第一本解析几何教程；《对代数的完整介绍》系统总结了16世纪中期开始发展的代数学理论，它的出版标志着初等代数发展史的基本结束。

欧拉是一个十分注重数学应用的人。他把数学应用于物理领域，在力学、热学、声学、光学等物理分支中"频奏凯歌"；他把数学应用于天文研究，创立了关于月球运动的第二种理论；他把数学应用于航海、造船、生物等工程，都卓有成效。

要知道，许多重要成果是在他双目失明、心力交瘁的情况下取得的。这不能不引发我们更崇高的敬意！

波动方程

波动方程或称波方程是一种重要的偏微分方程，它通常表述所有种类的波，例如声波、光波和水波。它出现在不同领域，例如声学、电磁学和流体力学。波动方程的变种可以在量子力学和广义相对论中见到。

菲尔兹奖——数学界最高奖

19世纪末，随着数学研究工作的深入，数学上的国际交流越来越广泛，人们迫切需要举行世界性的数学家集会。1879年第一届国际数学家会议在瑞士的苏黎士举行，3年后在巴黎召开了第二届。自1900年开始，国际数学家会议（简称ICM）每4年召开一次。在1950年的会议上，成立了国际数学家的正式组织"国际数学家联盟"，简称IMU。IMU的主要任务是：①促进数学界的国际交流；②组织召开ICM以及各分支、各级别的国际性专门会议；③评审及颁发菲尔兹奖。

每届ICM大会的第一项议程就是宣布菲尔兹奖获奖者的名单，然后授予获奖者一枚金质奖章和1 500美元的奖金，最后由一些权威数学家介绍得奖者的业绩。这是数学家可望得到的最高奖励。

什么是菲尔兹奖？这要从诺贝尔奖说起。诺贝尔设立了物理学、化学、生物学、生理学或医学等科学奖金，但没有数学奖。这个遗憾后来由加拿大数学家菲尔兹弥补了。菲尔兹1863年生于加拿大渥太华，在多伦多上大学，后来在美国的约翰·霍普金斯大学得到博士学位。他于1892～1902年游学欧洲，以后重回多伦多大学执教。他在学术上的贡献不如作为一个科研组织者的贡献更大。1924年菲尔兹成功地在多伦多举办ICM。正是在这次大会上，菲尔兹提出把大会结余的经费用来设立国际数学奖。1932年苏黎世大会前夕，菲尔兹去世了。去世前，他立下遗嘱并留下一大笔钱作为奖金的一部分。为了纪念菲尔兹，这次大会决定设立数学界最高奖——菲尔兹奖。1936年在挪威的奥斯陆举行的ICM大会上，正式开始授予菲尔兹奖。

伟大的数学王子高斯

数学王子高斯

卡尔·弗列德里希·高斯（1777～1855）是德国18世纪末到19世纪中叶伟大的数学家、天文学家和物理学家，被誉为历史上最有才华的数学家之一。在数学上，高斯的贡献遍及纯粹数学和应用数学的各个领域。特别是在数论和几何学上的创新，对后世数学的发展有着深远的影响。由于他非凡的数学才华和伟大成就，人们把他和阿基米德、牛顿并列，同享盛名，并尊称他为"数学王子"。德国数学家克莱因这样评价高斯："如果我们把18世纪的数学家想象为一系列的高山峻岭，那么最后一个使人肃然起敬的顶峰便是高斯——那样一个在广大丰富的区域充满了生命的新元素。"

高斯聪敏早慧，他的数学天赋在童年时代就已显露。高斯的父亲虽是个农夫，但有一定的书写和计算能力。在高斯3岁时，一天，父亲聚精会神地算账。当计算完毕，父亲念出数字准备记下时，站在一旁玩耍的高斯用微小的声音说："爸爸，算错了！结果应该是这样……"父亲惊愕地抬起头，看了看儿子，又复核了一次，果然高斯说的是正确的。

后来高斯回忆这段往事时曾半开玩笑地说："我在学会说话以前，已经学会计算了。"

1784年，高斯7岁，父亲把他送入耶卡捷林宁国民小学读书。教师是布伦瑞克小有名气的"数学家"比纳特。当时，这所小学条件相当简陋，低矮潮湿的平房，地面凹凸不平。就在这所学校里，高斯开始了正规学习，并在数学领域里一显他的天分。

1787年，高斯三年级。一次，比纳特给学生出了道计算题：

1+2+3+…+98+99+100＝？

不料，老师刚叙述完题目，高斯很快就将答案写在了小石板上：5 050。当高斯将小石板送到老师面前时，比纳特不禁大吃一惊。结果，全班只有高斯一人的答案是对的。

高斯在计算这道题时用了教师未曾教过的等差级数的办法。即在1～100中，取前后每一对数相加，1+100，2+99……其和都是101，这样一共有50个101，因此，101×50＝5 050，结果就这样很快地被算出来了。

通过这次计算，比纳特老师发现了高斯非凡的数学才能，并开始喜爱这个农家子弟。比纳特给高斯找来了许多数学书籍供他阅读，还特意从汉堡买来数学书送给高斯。高斯在比纳特老师的帮助下，读了很多书籍，开拓了视野。

由于高斯聪明好学，他很快成为布伦瑞克远近闻名的人物。

一天，在放学回家的路上，高斯边走边看书，不知不觉地走到了斐迪南公爵的门口。在花园里散步的公爵夫人看见一个小孩捧着一本大书竟如此着迷。于是叫住高斯，问他在看什么书。当她发现高斯读的竟是大数学家欧拉的《微分学原理》时，十分震惊，她把这件事告诉了公爵。公爵喜欢上了这个略带羞涩的孩子，并对他的才华表示赞赏。公爵同意作为高斯的资助人，让他接受高等教育。

1792年，高斯在公爵的资助下进入了布伦瑞克的卡罗琳学院学习。在此期间，他除了阅读学校规定必修的古代语言、哲学、历史、自然科学外，还攻读了牛顿、欧拉和拉格朗日等人的著作。高斯十分推崇这三位前辈,至今还留有他读牛顿的《普遍的算术》和欧拉的《积分学原理》后的体会笔记。在对这些前辈数学家原著的研究中,高斯了解到当时数学中的一些前沿学科的发展情况。由于受欧拉的影响,高斯对数论特别喜爱,在他还不到 15 岁时,就开始了对数论的研究。从这时起,高斯制定了一个研究数论的程序:确定课题——实践(计算、制表或称实验)——理论(通过归纳发现有待证明的定律)——实践(运用定律进一步作经验研究)——理论(在更高水平上表述更普遍的规律性和发现更深刻的联系)。尽管开始研究时并不能那么自觉和完善地执行,但高斯始终以极其严肃的态度对待他从小就开始的事业。

1795 年,高斯结束了卡罗琳学院的学习。10 月,进入了哥廷根大学读书。从此,数学王子开始了对数学的研究。

哲　学

哲学,是理论化、系统化的世界观,是自然知识、社会知识、思维知识的概括和总结,是世界观和方法论的统一。是社会意识的具体存在和表现形式,是以追求世界的本源、本质、共性或绝对、终极的形而上学为形式,以确立哲学世界观和方法论为内容的社会科学。

延伸阅读

数学的奥林匹克赛

中学生数学竞赛最早开始于匈牙利。1894 年,匈牙利"物理——数学协会"慎重通过一项决议:为中学生举办数学竞赛。从此之后,除了在两次世界大战和匈牙利事件期间中断过 7 年外,每年 10 月都要举行。每次竞赛有 3 个赛题,4 小时做完,允许使用任何参考书。这个竞赛的参加者都是完成普通教育的学生,即已经升入大学或综合技术学校的学生。

数学竞赛为匈牙利选拔了不少优秀的数学人才。其中有：在复变函数与傅立叶级数研究方面作了很多贡献的费叶尔；著名力学家冯·卡门；著名的组合数学家寇尼希，他写了第一本系统的图论著作；以哈尔测度与哈尔积分闻名于世的哈尔；泛函分析的奠基者之一黎兹……这些人物的出现，使得匈牙利成为一个在数学上享有声誉的国家，同时也引起了欧洲其他国家的兴趣，争相效仿。

数学竞赛的大兴起是在20世纪50年代。保加利亚、波兰、捷克、中国等国都在这个时期相继开始举办中学生数学竞赛。由于数学竞赛与体育比赛在精神上有相通之处，所以大多数国家的数学竞赛都叫数学奥林匹克。从1959年起，开始有了"国际数学奥林匹克"，简称IMO。第一届IMO于1959年7月在罗马尼亚古都布拉索拉开帷幕。罗马尼亚、保加利亚、匈牙利、波兰、捷克斯洛伐克、德意志民主共和国各派8名队员，苏联派了4名，一共有7个国家、52名选手参加，结果罗马尼亚取得第一，匈牙利第二，捷克斯洛伐克第三。1959年的第一届IMO是数学竞赛跨越国界的创举，但从第一届到第五届参赛国仅限于东欧几个国家，并没有体现出国际性。到20世纪60年代末才逐步扩大，发展成真正全球性的中学生数学竞赛。

数学趣谈

大千世界，无奇不有；数学王国，充满趣闻。数学是一门奇怪的学问，遍布大自然的各个角落。关于数学的寓言、游戏和趣闻不胜枚举，而那些有着神奇色彩的数学现象更是让人们百思不得其解。

有人也许会觉得数学很枯燥，学起来很吃力，对数学没什么兴趣。其实呢，数学的趣味性也是不容忽视的，它不仅可以开发智力，锻炼逻辑思维能力，又能将数学和其他学科联系起来，增长课外知识，起到寓教于乐的功用。

狐狸买葱与数学

狐狸瘸着腿一拐一拐地走着，心里琢磨着怎样才能发财。

瘸腿狐狸看见老山羊在卖大葱，走过去问："老山羊，这大葱怎样卖法？共有多少葱啊？"

老山羊说："1千克葱卖1元钱，共有100千克。"

瘸腿狐狸眼珠一转，问："你这葱，葱白多少，葱叶又是多少呀？"

老山羊颇不耐烦地说："一棵大葱，葱白占20%，其余80%都是葱叶。"

瘸腿狐狸掰着指头算了算，说："葱白哪，1千克我给你7角钱。葱叶哪，1千克给你3角。7角加3角正好等于1元，行吗？"

老山羊想了想，觉得狐狸说得也有道理，就答应卖给他了。狐狸笑了笑，开始算钱了。

狐狸先列了个算式：

$0.7 \times 20 + 0.3 \times 80 = 14 + 24 = 38$（元），然后说："100千克大葱，葱白占

20%，就是20千克。葱白1千克7角钱，总共是14元；葱叶占80%，就是80千克，1千克3角钱，总共是24元。合在一起是38元。对不对？"

老山羊算了半天，也没算出个数来，只好说："你算对就行了。"

"我狐狸从不蒙人！给你38元，数好啦！"狐狸把钱递给了老山羊。老山羊卖完葱往家走，总觉得这钱好像少了点，可是少在哪儿呢？想不出来。他低头看见小鼹鼠从地里钻了出来。他让小鼹鼠帮忙算算这笔账。

小鼹鼠说："你原来是1千克卖1元。你有100千克，应该卖100元才对，瘸狐狸怎么只给你38元呢？"

老山羊点了点头，知道自己吃亏了。可是他不明白，自己是怎样吃的亏？

鼹鼠说："狐狸给你1千克葱白7角，1千克葱叶3角，合起来算是2千克才1元钱，这你已经亏了一半。"

老山羊问："吃一半亏，我也应该得50元才对，怎么只得38元呢？"

鼹鼠写了一个算式：

（1－0.7）×20＋（1－0.3）×80＝6＋56＝62（元）。"你1千克葱白亏0.3元，20千克亏6元；1千克葱叶亏0.7元，80千克吃亏56元，合起来正好少卖了62元。"

老山羊掉头就往回跑，看见狐狸正在卖葱，每千克卖2元。老山羊二话没说，一低头，用羊角顶住瘸腿狐狸的后腰，一直把他顶进了水塘里。

知识点

元

元（又称圆）是一种货币单位（例如"美元"、"日元"，"欧元"等），在政府或商业使用，元以下的货币单位角或分是全部能转化成元的单位，以小数表示。在中国内陆城市，民间一般使用"元"的写法，在货币上则印作"圆"，但叫法上则多说成"块"，角说成"毛"。在香港，一般官方场合称作"港元"，民间则叫"蚊"，有时写作"文"，这个称呼可能是由文的币值衍生出来的。在欧洲，称作欧元。在美国，称作美元。

钱币的学问

古今中外的钱币多种多样，与钱币有关的数学更是丰富多彩，趣味无穷。以现在我国通行的人民币为例，一起来看看隐藏在钱币里的数学知识。

我们所看到的硬币的面值有1分、2分、5分、1角、5角和1元；纸币的面值有1分、2分、5分、1角、2角、5角、1元、2元、5元、10元、20元、50元和100元，一共19种。但这些面值中没有3、4、6、7、8、9，这又是为什么呢？事实上，我们只要来看一看1、2、5是如何组成3、4、6、7、8、9的，就可以知道原因了。

3＝1＋2＝1＋1＋1

4＝1＋1＋2＝2＋2＝1＋1＋1＋1

6＝1＋5＝1＋1＋2＋2＝1＋1＋1＋1＋2＝1＋1＋1＋1＋1＋1＝2＋2＋2

7＝1＋1＋5＝2＋5＝2＋2＋2＋1＝1＋1＋1＋1＋2＋2＝1＋1＋1＋1＋1＋2＝1＋1＋1＋1＋1＋1＋1

8＝1＋2＋5＝1＋1＋1＋5＝1＋1＋2＋2＋2＝1＋1＋1＋1＋2＋2＝1＋1＋1＋1＋1＋1＋2＝1＋1＋1＋1＋1＋1＋1＋1＝2＋2＋2＋2

9＝2＋2＋5＝1＋1＋2＋5＝1＋1＋1＋1＋5＝1＋1＋1＋1＋1＋1＋2＝1＋1＋1＋2＋2＋2＝1＋1＋1＋1＋1＋2＋2＝1＋2＋2＋2＋2＝1＋1＋1＋1＋1＋1＋1＋1＋1

从以上这些算式中就可知道，用1、2和5这几个数就能以多种方式组成1～9的所有数。这样，我们就可以明白一个道理，人民币作为大家经常使用的流通货币，自然就希望品种尽可能少，但又不影响使用。

趣说"13"

人们不喜欢13这个数。上海人讲"十三点"，是一句骂人的话，意思是"呆头呆脑"、"傻里傻气。"

在科学发展的今天，伦敦的住宅区就无法找到门牌号为 13 的公寓。影剧院里也没有第 13 排。宴席上第 13 个位置总是摆着一张独特的桌子。

在第十四届世界杯足球赛上，阿根廷足球队开始战绩不佳，后来他们战胜苏联队，队员们兴奋之余纷纷说：

"我们教练这场比赛没让 13 号上场是英明的决策。"原来比赛那天正好是 1990 年 6 月 13 日，阿根廷队忌讳 13 这个"不祥的数字"，教练比拉尔多为了稳定军心，忍痛让主力后卫 13 号洛伦索坐在替补席上，不让他上场。

为什么人们对 13 这个数如此回避呢？说法很多。

有一种说法是：我们现在通用的十进制是以数 10 作为基础的，可是在古罗马则是采用十二进制算法的。到后来，把 12 作为"一打"的计算方法为欧洲许多国家所采用。因此，12 成了家喻户晓的进位制的殿军。这样一来，人们对 12 以后的数就产生一种莫明其妙的感觉，以致认为 13 这个数是个不祥的数，是个危险的数，所以后来人们就忌讳使用这样的数。

另一个理论来自柏林一位医生威廉姆·福利斯。他认为人类有史以来的一切活动和一切对象皆可以用一个简单的公式"$23x+28y$"来表示：

一年有 365 天，而 $365=23\times 11+28\times 4$；

法国大革命开始于 1789 年，而 $1789=23\times 23+28\times 45$；

人类细胞核中有 46 对染色体，而 $46=23\times 2+28\times 0$；

《圣经》中动物的数目是 666，而 $666=23\times 18+28\times 9$。

然而，"不幸"的事终于发生在 13 这个数上：

$13=23\times 3+28\times(-2)$

这个式子中出现了负数，它是"不幸"的。当然，这些都是一些无稽之谈，是没有科学根据的。

知识点

染色体

染色体是细胞核中载有遗传信息（基因）的物质，在显微镜下呈丝状或棒状，由核酸和蛋白质组成，在细胞发生有丝分裂时期容易被碱性染料着色，因此而得名。在无性繁殖物种中，生物体内所有细胞的染色体数目都一样。而在有性繁殖物种中，生物体的体细胞染色体成对分布，称为二倍体。性细胞如精子、卵子等是单倍体，染色体数目只有体细胞的一半。

延伸阅读

骗人的平均数

刘木头开了一家小工厂，生产一种儿童玩具。工厂里的管理人员由刘木头、他的弟弟及其他六个亲戚组成。工作人员由5个领工和10个工人组成。工厂经营得很顺利，现在需要一个新工人。现在，刘木头来到了人才市场，正与一个叫小齐的年轻人谈工作问题。刘木头说："我们这里报酬不错。平均薪金是每周300元。你在学徒期间每周得75元，不过很快就可以加工资。"小齐上了几天班以后，要求和厂长刘木头谈谈。

小齐说："你骗我！我已经找其他工人核对过了，没有一个人的工资超过每周100元。平均工资怎么可能是一周300元呢？"

刘木头皮笑肉不笑地回答："小齐，不要激动嘛。平均工资确实是300元，不信你可以自己算一算。"

刘木头拿出了一张表，说道："这是我每周付出的酬金。我得2400元，我弟弟得1000元，我的六个亲戚每人得250元，五个领工每人得200元，10个工人每人100元。总共是每周6900元，付给23个人，对吧？"

"对，对，对！你是对的，平均工资是每周300元。可你还是骗了我。"小齐生气地说。

刘木头说："这我可不同意！你自己算的结果也表明我没骗你呀。"

接着，刘木头得意洋洋地拍着小齐的肩膀说："小兄弟，你的问题是出在你根本不懂平均数的含义，怪不得别人呦。"

小齐气得说不出话来，最后，他一跺脚，说："好，现在我可懂了，我不干了！"

在这个故事里，狡猾的刘木头利用小齐对统计数字的误解，骗了他。小齐产生误解的根源在于，他不了解平均数的确切含义。

"平均"这个词往往是"算术平均值"的简称。这是一个很有用的统计学的度量指标。然而,如果有少数几个很大的数,如刘木头的工厂中有了少数高薪者,"平均"工资就会给人错误的印象。

蛋趣谈

鸟蛋,包括鸡蛋、鸭蛋、鹅蛋,形状类似,但大小各不相同。

鸵鸟蛋,是世界上现存的最大的鸟蛋。一个鸵鸟蛋有15～20厘米长,1.65～1.76千克重,一个鸵鸟蛋等于33～35个鸡蛋那么重。鸵鸟蛋的蛋壳很厚,有2.5毫米,因此非常坚固。一个94千克重的大胖子站到这个鸵鸟蛋上,也不会把它压破。由于蛋壳太厚,而且蛋又太大,如果放在水里煮的话,得花40分钟才能煮熟。

平常我们总认为麻雀是很小的飞禽,可是最大的蜂鸟,还不及中等麻雀大,而最小的蜂鸟只有麻雀的十分之一。蜂鸟下的蛋只有豌豆那么大,只有0.2克,它是鸟蛋中最小的一种蛋。250个蜂鸟蛋才抵得上一个鸡蛋重,8 500个蜂鸟蛋才抵得上一个鸵鸟蛋。

鸵鸟蛋

你经常吃鸡蛋,恐怕没有研究过鸡蛋能不能直立的问题。日本有一对父子对竖蛋问题研究了50年,居然发现了其中的一些规律。粗看蛋壳,似乎是光滑的,用手仔细抚摸蛋壳面,就会发现蛋壳表面是凹凸不平的。若在放大镜下观察,可看到蛋壳上有绵延起伏的"山岭"。"岭"的高度约为0.03毫米,顶点之间相距0.5～0.8毫米。如果蛋壳表面有三个"山岭",这三个"山岭"构成一个三角形,且这个鸡蛋的重心又落在这个边长为0.5～0.8毫米的三角形内,这个鸡蛋就可以直立起来。鸡蛋的这个竖立特性是符合几何性质的。在几何中，有这样一条性质：过不在一条直线上的三点可以确定一个平面。蛋面上这三个凸点可构成一个三角形，三顶点不在一条直线上，所以过这三点可确定一个平面。因为重心落在三角形内部，根据重心性质，鸡蛋就能比较平稳地站立了。据试验，一般说来，刚生下来的蛋不易竖立，过四天至一星期后，就比较容易竖立了。但日子过长，竖立又变得困难。另据我国南开大学申泮文教授试验，鸡蛋大头朝下更容易立得稳。

我们知道象牙是非常珍贵的物品。前几年，日本科学家在研究人造象牙方面取得了可喜的进展，而这里面蛋壳起了很大的作用。据统计，从1979～1986年，全世界的象牙贸易量是600～1160吨，价格为每千克60～260美元。在这些血迹斑斑的数字背后，我们可以看到偷猎者冒烟的枪口和一具具惨不忍睹的大象甚至是幼象的尸体。世界上大象的命运不但引起了动物保护者的密切关注，也牵动着千百万世人的心弦。正因为如此，人造象牙的研究就更具有重要的现实意义。日本人用蛋壳、牛奶做原料，二氧化钛做添加剂，制成了与真象牙难辨真伪的代用品。从而填补了世界市场对象牙的需求。据悉，日本从1989年9月起，已开始禁止进口象牙。在不到两年的时间里，日本全国象牙仿制品的使用量已达130吨，其中80吨是用来制作琴键和印章的。这种新型的象牙代用品有着广阔的市场。

象　牙

克

克，为质量单位，符号 g，相等于千分之一千克。一克的质量大约相当于一立方厘米水在室温的质量，大约是一个曲别针的质量。

延伸阅读

"10 时 10 分"之谜

如果你仔细留意一下西方印刷品上的手表广告，就会发现一个奇特的现象：不管什么品牌的手表，广告中手表上表针差不多都定在 10 时 10 分的位置上。在强调"独特性"的当今商业世界，手表广告为何会出现如此高度的"统一"呢？

美国华盛顿亨利—考夫曼广告公司总经理迈克·卡尔伯里说："它意味着热烈的包容的情绪，就像一个人张开双臂，它是象征胜利的'V'字。即使消费者没有注意到表针的位置，它也会有一种令人心胸开阔的效果。"

做钟表生意和钟表广告的商家对此还有各种各样的解释：它看起来更像一张快乐的脸；它有"积极向上"的意思；它是模仿驾驶员手握方向盘的恰当姿势……

答案多种多样，可具有绝对说服力的答案至今没有给出。

巴霍姆之死

19 世纪俄国文学巨匠列夫·托尔斯泰在《一个人需要多少土地》中叙述了这样一个故事：

巴霍姆到草原去购买土地。卖地的酋长出了一个奇怪的地价：谁出 1 000 卢布，谁就可以得到土地，只要他在日出时从规定的地点出发，在日落前返回原出发地,那么他所走过的线路圈起的土地就全部归属于他。但是,如果他在太阳落山前赶不回原出发地,那么走得再多也得不到半点土地,同时那1000卢布也就算白花了。

巴霍姆觉得这个条件对自己有利,于是就付了1000卢市,接受了这笔买卖。他决心拿出吃奶的劲,跑出最远的路,获得尽可能多的土地。

第二天,太阳刚刚从地平线升起,巴霍姆就赶忙在草原上大踏步向前走去。他走啊,走啊,走了足足有10千米,这才朝左拐弯;接着又走了很久,才再向左拐弯;然后他又走了2千米,这时,他看到天色已经不早了,自己也早已累得不行了,可是离清晨出发的地方还足有15千米,于是不得不马上改变方向,径直朝出发地点拼命跑去。最后,巴霍姆总算在日落之前赶回了原地,但他却丝毫未能捞到便宜。因为他劳累过度,待到出发点,还未站稳,就两腿一软,口吐鲜血死了。

托尔斯泰写这个故事,是为了讽刺有些人要财不要命的贪婪本性。

但是,我们读这个故事时,不仅会对巴霍姆因贪心丢了自己的命而感叹万分,同时,我们还会发现,如果他多具备一些数学知识,本来是可以少跑些路而多围一些土地的。

实际上,在这一天中,巴霍姆走过的路线如图所示,是一个梯形,他所走过的路程,是这个梯形的周长。从图中可以看出,梯形 $ABCD$ 的周长是:

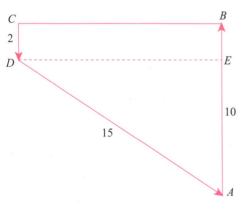

$$AB+BC+CD+DA$$

由已知,$AB=10$ 千米,$CD=2$ 千米,$DA=15$ 千米。

在 Rt$\triangle ADE$ 中,根据勾股定理,可求得直角边 DE 的长。

$$DE = \sqrt{AD^2 - AE^2}$$
$$= \sqrt{15^2 - (10-2)^2}$$
$$\approx 12.7(千米)$$

由于 $BC=DE$,因此巴霍姆一共走了:

$$10+12.7+2+15=39.7(千米)$$

而梯形 $ABCD$ 的面积是:

$$(2+10)\times 12.7 \div 2 = 76.2(平方千米)$$

我们可以知道，在平面上周长相等的 n 边形中，正 n 边形所围的面积最大。比如，若四边形 $ABCD$ 不是一个梯形而是一个正方形，那么当边长是 9 千米时，其面积可达 81 平方千米，而这时它的周长只有 36 千米。也就是说，巴霍姆如果走过的线路可以围成一个正方形，那么他起码可以少走 3.7 千米，但是多围出 4.8 平方千米的土地。

实际上，在平面上一切等周长的封闭图形中，圆所围成的面积最大。

因此，如果巴霍姆走的线路是一个以 5 千米为半径的圆，那么，这个圆所围的面积是 78.5 平方千米，而这个圆的周长只有 31.4 千米。也就是说，他少走 8.3 千米所围出的土地却比他原来围的土地多出 2.3 平方千米。

如果巴霍姆走的线路是一个以 6 千米为半径的圆，那么，这个圆的周长是 37.7 千米，面积是 113.0 平方千米。即巴霍姆可以少走 2 千米的路，但多得到 36.8 平方千米的土地。

巴霍姆如果多懂一些数学知识，少一些贪婪，也许他能幸免一死吧？

梯　形

梯形是指一组对边平行而另一组对边不平行的四边形。平行的两边叫做梯形的底边，其中长边叫下底，短边叫上底；也可以单纯地认为上面的一条叫上底，下面的一条叫下底。不平行的两边叫腰；夹在两底之间的垂线段叫梯形的高。一腰垂直于底的梯形叫直角梯形，两腰相等的梯形叫等腰梯形。等腰梯形是一种特殊的梯形，其判定方法与等腰三角形判定方法类似。

神奇的"莫比乌斯带"

曾做过著名数学家高斯助教的莫比乌斯在 1858 年与另一位数学家各自独

立发现了单侧的曲面，其中最著名的是"莫比乌斯带"。如果想制作这种曲面，只要取一片长方形纸条，把一个短边扭转180°，然后把这边跟对边粘贴起来，就形成一条"莫比乌斯带"。当用刷子油漆这个图形时，能连续不断地一次就刷遍整个曲面。如果一个没有扭转过的带子一面刷遍了，要想把刷子挪到另一面，就必须把刷子挪动跨过带子的一条边沿。

"莫比乌斯带"有点神秘，一时又派不上用场，但是人们还是根据它的特性编出了一些故事，据说有一个小偷，偷了一位很老实的农民的东西，并被当场抓获，将小偷送到县衙，县官发现小偷正是自己的儿子。

于是在一张纸条的正面写上：小偷应当放掉，而在纸的反面写了：农民应当关押。县官将纸条交给执事官由他去办理。聪明的执事官将纸条扭了个弯，用手指将两端捏在一起。然后向大家宣布：根据县太爷的命令放掉农民，关押小偷。县官听了大怒，责问执事官。执事官将纸条捏在手上给县官看，从"应当"二字读起，确实没错。仔细观看字迹，也没有涂改，县官不知其中奥秘，只好自认倒霉。

县官知道执事官在纸条上做了手脚，怀恨在心，伺机报复。一日，又拿了一张纸条，要执事官一笔将正反两面涂黑，否则就要将其拘役。执事官不慌不忙地把纸条扭了一下，粘住两端，提笔在纸环上一划，又拆开两端，只见纸条正反面均涂上黑色。县官的毒计又落空了。

现实可能根本不会发生这样的故事，但是这个故事却很好地反映出"莫比乌斯带"的特点。

"莫比乌斯带"在生活和生产中已经有了一些用途。例如，用皮带传送的动力机械的皮带就可以做成"莫比乌斯带"状，这样皮带就不会只磨损一面了。如果把录音机的磁带做成"莫比乌斯带"状，就不存在正反两面的问题了，磁带就只有一个面了。

"莫比乌斯带"是一种拓扑图形，什么是拓扑呢？拓扑所研究的是几何图形的一些性质，它们在图形被弯曲、拉大、缩小或任意的变形下保持不变，只要在变形过程中不使原来不同的点重合为同一个点，又不产生新点。换句话说，这种变换的条件是：在原来图形的点与变换了图形的点之间存在着一一对应的关系，并且邻近的点还是邻近的点。这样的变换叫做拓扑变换。拓扑有一个形象的说法——橡皮几何学。因为如果图形都是用橡皮做成的，就能把许多图形进行拓扑变换。例如一个橡皮圈能变形成一个圆圈或一个方圈。但是一个橡皮圈不能由拓扑变换成为一个阿拉伯数字8。因为不把圈上的两个点重合在一起，圈就不会变成8。

"莫比乌斯带"正好满足了上述要求。

宇宙中有多少沙粒

我们已经知道，数的出现是靠数（shǔ）的操作。对于十几个、几十个甚至几百个上千个数，人们还是能够应付的，虽然在直观上不太明显。可是有许多事物是数不胜数的。

最典型的例子是海中的沙粒。在《圣经》中，海中的沙粒被认为是不可数的，这就是原始的无穷多的概念。

可是，早在公元前3世纪，古希腊大数学家、大科学家阿基米德就提出过异议，他专门写了一本书，书名称《计沙术》，其中写道："有人认为沙粒是不可数的，我所说的沙粒不仅是叙拉古和西西里岛其他地方的沙粒，而且所有地方的沙粒，不管这个地方有人还是没人居住……还有的人不认为沙粒数是无穷多的，他相信比沙粒数还大的数已经命名……但是我力图用几何的论据来证明，在我给宙希波的信中所命名的那些数里面，有的数不仅比地球上的沙粒数目大，而且比全宇宙的沙粒数目还大。"

这样一来，人们必须来对付大数，而在位值制还没有很好建立的时代，就得给每个10的幂次一个特殊的名称。在这方面，印度走得最远，其中许多随佛教传到中国和日本，从个、十、百、千、万出发，又有表示大数的特殊词汇，除亿、兆、京、核之外又有多种多样的表示，例如，极 $=10^{48}$（也就是1后面有48个0），恒河沙 $=10^{52}$，阿增祇 $=10^{56}$，那么它 $=10^{60}$，不可思议 $=10^{64}$，无穷大数极 $=10^{58}$，印度大数到此为止了。写完无穷大，还有无穷小，除了分、厘、毫、丝、忽、微之外一直到虚 $=10^{-20}$，空 $=10^{-21}$，清 $=10^{-22}$，净 $=10^{-23}$，一立方厘米只有一个分子当然够清净的。

这些对表示宇宙中的数量大体上是够了。从弦论出发，宇宙的量级为80级左右，从 10^{-40} 到 10^{40}。不过，数学家可以想象任何大的数。为此，又加上有名的两个超级大数：一个是古戈尔（googol），它等于 10^{100}，也就是10的后面还有99个0，另一个是古戈尔普莱克斯（googolplex），它等于 $10^{10^{100}}$，它大得已经无法用语言来形容了,因为我们常说的天文数字比起它来真是小巫见大巫了。不过数字不管怎么大,总可以用 10 的幂来表示,因此现代人也不再操心为每个数取一个特殊的名字了。

宇　宙

宇宙是由空间、时间、物质和能量所构成的统一体。是一切空间和时间的综合。一般理解的宇宙指我们所存在的一个时空连续系统,包括其间的所有物质、能量和事件。根据大爆炸宇宙模型推算,宇宙年龄大约为 200 亿年。

度量衡制

目前通行于世界的度量衡制,一般采用十进位制,其实追根溯源,它最早起源于我国。

早在公元前 221 年,秦始皇统一六国,建立了秦朝,他就着手于度量衡的改革和统一,《孙子算经》里载有:

长度单位　1 丈＝10 尺　1 尺＝10 寸　1 寸＝10 分
　　　　　1 分＝10 厘　1 厘＝10 毫　1 毫＝10 丝　1 丝＝10 忽
容量单位　1 斛＝10 斗　1 斗＝10 升　1 升＝10 合
　　　　　1 合＝10 抄　1 抄＝10 撮　1 撮＝10 圭　1 圭＝10 粟

但是质量单位没有采用十进位制:

1 石＝4 钧　1 钧＝3 斤　1 斤＝16 两　1 两＝24 铢

唐代以后,两以下改为钱,钱以下采用分、厘、毫、丝、忽,都为十进位制。宋代的时候,去掉了石、钧这两个单位,而采用了担,当时规定 1 担＝100 斤。在留传下来的度量衡单位中,除 1 斤＝16 两外,其余的都采用十进位制。

在西方各国，度量衡单位就不如我国那么统一，现在美国等国使用的英制单位也不统一。

1 英里＝5 280 英尺　　1 英尺＝12 英寸

这种进位制，不但十分麻烦，而且非常混乱，与十进位制相比，显然不如十进位制优越。

18 世纪，法国创建了一整套国际公制，以地球子午线的长度作为标准，以通过巴黎的子午线长度的四千万分之一作为长度单位，定名为米突，或者米；以一立方米的千分之一作为容量单位，定名为升；以 4℃时一升纯水的质量作为质量单位，定名为千克。这种度量衡制都采用十进位制，通常称为米突制，1875 年，欧美 17 个国家在巴黎设立国际计量局，专门制造和保存铂铱合金原器，作为长度和质量的国际标准。具体规定如下：

长度单位为米，是国际原器在冰溶点时两标点间的距离。

质量单位为千克，是千克国际原器的质量。

容器单位为升，是质量为 1 千克的纯水在标准大气压下密度最大时的体积。

生物身上的有趣数字

世界上各种生命约有 125 万种，其中 2/3 是动物。其余为植物和微生物。

细胞一般很小，如果将其首尾相联，约 100 万个才有一毫米长，而原子如果排出一毫米则需 400 万个。

一只蜜蜂每天最多只能酿出 0.15 克的蜜，而这需要吮吸 5 000 朵花蕊中的花粉。酿造 1 千克蜜约需 3 300 多万朵花蕊。蜜蜂酿蜜自然是为自己贮备食物，一个蜂箱的蜜蜂每年消耗的蜜就达 250 千克。

世界上体积最大的动物不是鲸，而是水母，最大的水母有半个足球场大，不过只有 5%是组织材料，其余都是水。

世界上最重的动物是蓝鲸，体长可达 35 米，足以吞下一只牛，但在水中的速度并不快，每小时只能前进 24 千米，其尾部摆动产生的推力达到 500 马力以上。一片 17 余米宽的叶子（如果有的话）产生的淀粉足以供一个人一年所需，若有 6 米宽的叶子，就可保证一个人得到足够的氧气。人的头发的寿命只有几年，在我们的头上只有85％的头发是活的，其余的是停止生长的，或者说是死的。

每年夏天，成群结队的蜻蜓从英国飞越多佛尔海峡，到法国去"旅行"一番，行程有上百千米。还有一种暗绿色的，身长只有3～4厘米的海蜻蜓，每年8月从赤道附近飞到日本。这个距离至少有3 000千米，长的有4 000千米，这是已知的昆虫飞行距离最长的记录。

1904年，美国人进行了一次试验。他们让跳蚤自由跳跃，发现一只跳蚤跳得最远的距离为33厘米，跳得最高的高度为19.69厘米。这个高度相当于它身体高度的130倍，如果一个身高1.70米的人，能像跳蚤那样跳跃的话，可以跳跃221米高。70层的楼房，他也可以一跃而上，毫不费力。

丹顶鹤总是成群结队迁徙，而且排成"人"字形。"人"字形的角度是110°。更精确地计算还表明"人"字形夹角的一半——即每边与鹤群前进方向的夹角为54°48′8″！而金刚石结晶体的角度正好也是54°44′8″！

蜘蛛结的"八卦"形网，是既复杂又美丽的八角形几何图案，人们即使用直尺和圆规也很难画出像蜘蛛网那样匀称的图案。

冬天，猫睡觉时总是把身体抱成一个球形，这其间也有数学，因为球形使身体的表面积最小，从而散发的热量也最少。

真正的数学"天才"是珊瑚虫。珊瑚虫在自己的身上记下"日历"，它们每年在自己的体壁上"刻画"出365条斑纹，显然是一天"画"一条。奇怪的是，古生物学家发现3亿5千万年前的珊瑚虫每年"画"出400幅"水彩画"。天文学家告诉我们，当时地球一天仅21.9小时，一年不是365天，而是400天。

知识点

珊 瑚 虫

珊瑚虫是珊瑚纲中多类生物的统称。身体呈圆筒状，有八个或八个以上的触手，触手中央有口。多群居，结合成一个群体，形状像树枝。骨骼叫珊瑚。产在热带海洋中。珊瑚虫种类很多,是海底花园的建设者之一。它的建筑材料是它外胚层的细胞所分泌的石灰质物质,建造的各种各样美丽的建筑物则是珊瑚虫身体的一个组成部分——外骨骼。

延伸阅读

人身上的"尺子"

你知道吗?我们每个人身上都携带着几把尺子。

假如你"一拃"的长度为8厘米,量一下你课桌的长为7拃,则可知课桌长为56厘米。

如果你每步长65厘米,你上学时,数一数你走了多少步,就能算出从你家到学校有多远。

身高也是一把尺子,如果你的身高是150厘米,那么你抱住一棵大树,两手正好合拢,这棵树一周的长度大约是150厘米。因为每个人两臂平伸,两手指尖之间的长度和身高大约是一样的。

要是你想量树的高,影子也可以帮助你的。你只要量一量树的影子和自己的影子长度就可以了。因为树的高度=树影长×身高÷人影长。

你若去游玩,要想知道前面的山距你有多远,可以请声音帮你量一量。声音在空气中每秒能传播331米,那么你对着山喊一声,再看几秒可听到回声,用331乘以听到回声的时间,再除以2就能算出来了。

学会使用你身上的这几把尺子,对你计算一些问题是很有好处的。同时,在你的日常生活中,它也会为你提供方便的。

蜂巢中的数学智慧

蜜蜂是大自然天生的数学家,是个有着极高智慧的建筑师。

早在公元前300年左右,亚历山大的巴鲁士就研究过蜜蜂房的形状,他认为六棱柱的巢是最经济的结构。

从外表看，许许多多的正六边形的洞完全铺满了一个平面区域，每一个洞是一个六棱柱的巢的入口。

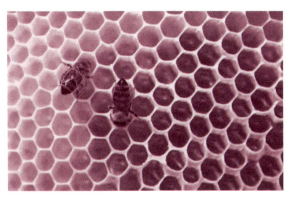

蜂　巢

在这些六棱柱的背面，同样有许多形状相同的洞。如果一组洞开口朝南，那么另一组洞的开口就朝北。这两组洞彼此不相通，中间是用蜡板隔开的。奇特的是这些隔板是由许多大小相同的菱形组成的。

取一个巢来看，形状如下图所示，正六边形$ABCDEF$是入口，底是3个菱形$A_1B_1GF_1$、$GB_1C_1D_1$、$D_1E_1F_1G$。这些菱形蜡板同时是另一组六棱柱洞的底，3个菱形分属于3个相邻的六棱柱。

历史上不少学者注意到了蜂房的奇妙结构。例如著名的天文学家开普勒，就说这种充满空间的对称的蜂房的角应该和菱形十二面体的面一样。另一个法国的天文学家马拉尔第经过详细的观测研究后指出：菱形的一个角（$\angle B_1C_1D_1$）等于$109°28'$。

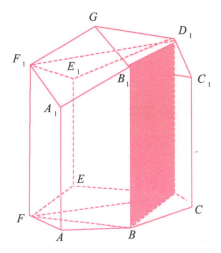

法国自然哲学家列俄木作出一个猜想，他认为用这样的角度来建造蜂房，在相同的容积下最节省材料。于是请教瑞士数学家可尼希，他证实了列俄木的猜想。但计算的结果是$109°26'$和$70°34'$，和实际数值有两分之差。

列俄木非常满意，1712年将这个结果递交科学院，人们认为蜜蜂解决这样一个复杂的极值问题只有$2'$的差，是完全可以允许的。可尼希甚至说蜜蜂解决了超出古典几何范围而属于牛顿、莱布尼茨的微积分范畴的问题。

可是事情还没有完结。1743年，苏格兰数学家麦克劳林在爱丁堡重新研究蜂房的形状，得到更惊人的结果。他完全用初等数学的方法，得到菱形的钝角是109°28′16″，锐角是70°31′44″，和实测的值一致。这2′的差，不是蜜蜂不准，而是数学家可尼希算错了。他怎么会算错呢？原来所用的对数表印错了。

生物现象常常给我们很大的启发。马克思说得好："蜜蜂建筑蜂房的本领使人间的许多建筑师感到惭愧。但是最蹩脚的建筑师从一开始就比最灵巧的蜜蜂高明的地方是，他在用蜂蜡建筑蜂房以前，已经在自己的头脑中把它建成了。"

蜜　蜂

蜜蜂是一种会飞行的群居昆虫，属膜翅目、蜜蜂科。体长8～20毫米，黄褐色或黑褐色，生有密毛；头与胸几乎同样宽；触角膝状，复眼椭圆形，口器嚼吸式，后足为携粉足；两对膜质翅，前翅大，后翅小，前后翅以翅钩列连锁；腹部近椭圆形，体毛较胸部少，腹末有螯针。它们被称为资源昆虫。

生活中的"八"

在古代，我国许多事物，都被人们有意地用上了"八"。

风景点，要凑成"八"景。比如羊城八景、太原八景、桂林八景、沪上八景、芜湖八景等。这些八景的共同特点，绝大多数是雨、雪、霞、烟、风、荷、钟、月这八景。

搞建筑，离不开"八"字。比如，亭子要修成八角形的，塔要修成八边形的，井口要砌成八角形的。

人才的聚分，要用上"八"。比如，神话中有八仙过海，唐代诗人中有酒中八仙、散文作家有唐、宋八大家，画家有扬州八怪，清朝的军队编制分为八旗，其后人称为"八旗子弟"。

许多成语，也都含有"八"。比如八面玲珑、八面威风、八九不离十、四通八达、七长八短、七手八脚、七零八乱、横七竖八、七嘴八舌等等。

其他方面，"八"字也被广泛应用，诸如诸葛亮的八阵图、拳术中的八卦掌、高级菜肴中的八珍、调料中的八味、中国书法的八体、方位中的八方、节气中的八节……

就是现在，"八"字仍然是我国人民最欢迎的一个数。无论是电话号码，还是汽车牌号，人们都抢着要"8"的号码。而躺倒的8字恰恰是数学中的"无穷大"符号。这样，丰硕、成熟、长寿、幸运、美满、发财，就变成无穷大了。总之，在人们的心目中，"8"是吉祥的数字，所以身价百倍，大受青睐。

数学也会有危机

数学危机是数学在发展中的种种矛盾，数学中有大大小小的许多矛盾，比如正与负、加法与减法、微分与积分、有理数与无理数、实数与虚数等等。但是整个数学发展过程中还有许多深刻的矛盾，例如有穷与无穷、连续与离散、乃至存在与构造、逻辑与直观、具体对象与抽象对象、概念与计算等等。在整个数学发展的历史上，贯穿着矛盾的斗争与解决。而在矛盾激化到涉及整个数学的基础时，就产生数学危机。往往危机的解决，给数学带来新的内容，新的进展，甚至引起革命性的变革，这也反映出矛盾斗争是事物发展的历史动力这一基本原理。

第一次数学危机

从某种意义上讲，我们所说的数学属于演绎系统的纯粹数学，来源于古希腊毕达哥拉斯学派。约在公元前500年，毕达哥拉斯学派认为"万物皆整数"。认为数学知识出于纯粹的思维而获得。他们的信条是："宇宙间的一切现象都能归纳为整数和整数之比。"他们最大的发现就是勾股定理。而这一发现导致了$\sqrt{2}$这个无理数的发现，引起了第一次数学危机。这种逻辑上的矛盾及信念的危机，使毕达哥拉斯学派成员花费了巨大的精力将此保密，不致外传。

大约在公元前370年，这次危机被给比例下新定义的方法解决了。在《几何原本》第三卷中给出的无理数的解释和现在基本一致。这场危机表明几何学的某些原理与算术无关，几何量不能完全由整数比来表示，反之。数却可以由几何量表示出来。从此以后，古希腊的数学观点受到几何学的极大冲击，几何学开始在古希腊数学中占重要的位置。同时也说明，直觉和经验不一定靠得住，而推理论证才是可靠的。于是希腊人由公理出发，经过演译推理，建立了几何学体系，这是数学史上的一次巨大革命，也是第一次数学危机的自然产物。

遗憾的是希腊人把几何学当成全部数学的基础，把数的研究隶属于形的研究，割裂了数形之间的关系。使算术及代数的发展停滞不前。导致代数学与几何学长达2 000多年的畸形发展。

第二次数学危机

微积分被广泛应用于许多初等数学所未能解决的问题及其他学科领域，并取得完满的成功。然而在17～18世纪，微积分诞生之初，却引起了激烈的争论，导致了第二次数学危机。

其实这次危机大约出现在公元前450年，数学家芝诺提出了四个悖论，其中最著名的是"阿基尔斯与乌龟赛跑"，从这个悖论中，可以看出希腊人已发现了"无穷小量"与"很小很小的量"之间的矛盾。

芝诺悖论的出现，没有使希腊数学超越几何学的局限，却出现了另一后果：希腊几何学中排除了无穷小。

到了16、17世纪，由牛顿和莱布尼茨共同创立的微积分解决了这个问题。微积分被发现之后，立即在科学技术上获得应用，并迅速得以发展。但是微积分的理论基础是不严密的，特别是无穷小量是很小量？是零？还是其他什么的问题，引起了数学界和哲学界长达一个半世纪的争论。这就是数学界的第二次危机。

这次危机，使绝大多数数学家深陷其中，他们没有像希腊人采用逃避的方式，而是努力探索微积分学的严格理论。到19世纪20年代，经过柯西、阿贝尔、康托等人的努力，基本上解决了这一矛盾。直到19世纪70年代，微积分才建立在实数理论的严格的基础上，成为一门严格的数学学科，为数学的进一步发展创造了条件。

第三次数学危机

19世纪末20世纪初，数学的发展非常迅速。由康托建立的集合理论已成为整个数学大厦的基础，正值数学学科发展的黄金时代，由数学理论中悖论的发现引发了第三次数学危机，引起了对数学整个基础结构的可靠性的怀疑。

1903年，数学家罗素在《数学的原理》一书中提出了著名的"罗素悖论"。这个不足一百字的"罗素悖论"使整个数学基础产生裂纹，因而震动了整个数学界。人们开始对数学的严密、准确，可靠性产生怀疑，罗素悖论使数学证明出现毛病。世界上许多数学家为挽救数学而卷入这次危机之中，纷纷进行研究，并形成三大学派，即以罗素为首的逻辑主义学派，以布劳威尔为首的直觉主义学派和以希尔伯特为首的形式主义三大学派。他们都提出各自处理一般集合论中的悖论的方法。1931年，哥德尔关于不完全性定理的证明，暴露了各学派的弱点，争论不再进行，表面上结束了这场争论。而这次数学危机还未解决。

哥德尔的证明却使数理逻辑成为一门学科，并蓬勃发展。人们承认悖论，数学的确定性就一点点的丧失，这场危机就这样延续着。但数学危机的解决也将给数学带来新知识、新内容、新方法，同时也带来了实质性的变化，使数学比以往每一时期都兴旺发达。这不正是矛盾运动的产物吗？正是由于数学家们为解决这些矛盾，才推动数学学科向着完美发展。

知识点

悖　论

悖论指在逻辑上可以推导出互相矛盾的结论，但表面上又能自圆其说的命题或理论体系。悖论的出现往往是因为人们对某些概念的理解认识不够深刻、不够正确所致。悖论的成因极为复杂且深刻，对它们的深入研究有助于数学、逻辑学、语义学等理论学科的发展，因此具有重要意义。其中最经典的悖论包括罗素悖论、说谎者悖论、康托悖论等等。

延伸阅读

现代数学衍生品

　　数学的出现，增加了很多学生的烦恼，但是数学也一直是大家无法回避的一个话题，数学的难题，让很多人不知所措。当今，更是出现了很多的数学辅导班，各类的家教班，但是数学是一门很有用的学科。自从人类出现在地球上那天起，人们便在认识世界、改造世界的同时对数学有了逐渐深刻的了解。早在远古时代，就有原始人"涉猎计数"与"结绳记事"等种种传说。如今，数学知识和数学思想在工农业生产和人们日常生活中有极其广泛的应用。譬如，人们购物后需记账，以便年终统计查询；去银行办理储蓄业务；查收各住户水电费用等，这些便利用了算术及统计学知识。此外，社区和机关大院门口的"推拉式自动伸缩门"；运动场跑道直道与弯道的平滑连接；底部不能靠近的建筑物高度的计算；隧道双向作业起点的确定；折扇的设计以及黄金分割等，则是平面几何中直线图形的性质及解直角三角形有关知识的应用。由于这些内容所涉及的高中数学知识不是很多，在此就不赘述了。

　　由此可见，古往今来，人类社会都是在不断了解和探究数学的过程中得到发展进步的。数学对推动人类文明起了举足轻重的作用。